人工智能

关我什么事

王文革◎著

北京时代华文书局

图书在版编目（CIP）数据

人工智能关我什么事 / 王文革著 . -- 北京 : 北京时代华文书局 , 2019.11
ISBN 978-7-5699-3198-3

Ⅰ . ①人… Ⅱ . ①王… Ⅲ . ①人工智能－普及读物Ⅳ . ① TP18-49

中国版本图书馆 CIP 数据核字 (2019) 第 209769 号

人工智能关我什么事

RenGong Zhineng Guan Wo Shenme Shi

著　　者 | 王文革

出 版 人 | 陈　涛
策划编辑 | 高　磊　周　磊
责任编辑 | 周　磊
装帧设计 | 天行健设计　迟　稳
责任印制 | 刘　银

出版发行 | 北京时代华文书局 http://www.bjsdsj.com.cn
北京市东城区安定门外大街 136 号皇城国际大厦 A 座 8 楼
邮编：100011　电话：010 - 64267955　64267677
印　　刷 | 固安县京平诚乾印刷有限公司　0316-6170166
（如发现印装质量问题，请与印刷厂联系调换）
开　　本 | 710mm×1000mm　1/16　　印　　张 | 13　　字　　数 | 178 千字
版　　次 | 2020 年 1 月第 1 版　　印　　次 | 2020 年 1 月第 1 次印刷
书　　号 | ISBN 978-7-5699-3198-3
定　　价 | 58.00 元

推荐序

人工智能最近些年在国内成为炙手可热的话题，从庙堂之高到江湖之远，到处可看到各级政府或者组织主办的各项人工智能会议、各类人工智能园区兴起、民间各种人工智能项目创业和路演等。其实人工智能的发展从1956年达特茅斯会议算起已经有六十多年的历史了，并非只是最近短短的几年的事情。

但人们是否真的了解人工智能呢？在我看来并不是，大多数人是跟风，或者只懂得一些肤浅表面的概念，对人工智能的全貌并不了解。很多人内心感觉人工智能虽然热闹，但离自己很遥远，对人工智能对自己所处行业和职业影响更是浑然不觉。

其实，人工智能已经来到我们身边。所以对广大民众普及人工智能知识与人工智能理论和实践的突破同样重要。王文革先生的《人工智能关我什么事》就是这样一本人工智能科普书，他用丰富的知识和详实的案例分析了人工智能对多个行业的影响，几乎涉及到我们从事的大多数行业。

王先生在人工智能领域并非科班出身，但由于很早就关注人工智能领域和学习力较强，还在国内率先翻译出版了世界人工智能领域的重要著作《情感机器》和《第四次革命》中文版，并且扶持了一些人工智能领域企业的发展，积累了大量的一手资料和实践经验，所以能写出贴近普通百姓生活的好作品！

是为推荐！

中国科学院院士 何积丰

目　录

第四章 文字和艺术

或许被取代的未来？

第五章 医疗

看医生还是看机器？

第六章 教育

人工智能可以传道授业解惑吗？

第七章 零售流通
更高效的赚钱方式

第八章 无人驾驶
驾校教练的失业和“女司机”的消失

第九章 人工智能
在安防领域的应用和隐私保护

第十章 “人工智能 +” 时代已经来临

第一章

明日降临

你是存在还是已被淘汰?

小时候我们经常会问："永远有多远？"，但长大后却常常发现"未来已来"。"00后"现在都上大学了，"80后"深陷"中年危机"，不仅如此，我们身边的手表、手机也都被贴上了"智能"的标签。不可否认的是，在炙手可热的互联网之后，人工智能时代已经来到了。机器人、物联网、云计算、大数据、区块链等正在以不可阻挡的速度滚滚而来！它们的综合大发展，将使我们这个时代、社会、人类发生怎样的变化？

机器人正在抢夺人们的饭碗，相信这点大家都能亲身感受到。著名咨询公司麦肯锡在2017年11月发布的一份报告中指出， 根据对46个国家和800种职业进行的研究作出预测，到2030年，全球将有4亿～8亿人会失去工作，取而代之的是自动化机器人，届时全球10%～20%的劳动者将受到影响。这还算是温和的预测，著名人工智能专家，原腾讯副总裁吴军先生在《智能时代》一书中预言，由于智能革命已经开始，机器人将越来越聪明，越来越有能耐，他们不仅会取代蓝领工人的工作岗位，甚至会取代有些"高大上"的白领阶层的工作岗位，不久的将来会有98%的民众的工作岗位（是不是有点夸张？）将被机器人所取代，被就业竞争所淘汰！人类该怎么办？

不要着急，且听我们娓娓道来。

一、人类社会在以加速度发展

人类社会发展已经有了约260万年的历史，有文字记载的人类史也有5 000多年，但人类社会并非匀速发展，而是以加速度在前进，就像一艘一直往上冲的火箭，速度越来越快。原始时代的人们用了200多万年，才走出了以采集和渔猎为生的旧石器时代；进入农业时代至今用了1万年左右；进入工业时代至今只有200多年（从1776年瓦特发明出蒸汽机算起）；而从工业时代到信息时代（从1946年冯·诺依曼发明计算机算起），也才过了70多年；现在已开始进入智能时代了。

其实你可以看到，从原始时代到农业时代，人们用了两百多万年。在这段时间里，人们生活方式的改变是非常缓慢的。进入农业时代后，在中国来说，从夏朝到清朝，经过4 000多年的岁月，经历了几十个王朝和几百个帝王的统治，但大多数人的生活差别不大，都是过着“面朝黄土背朝天”的靠天生活的日子。

然而，农业时代睡得好好的，突然就被拍了一下肩膀惊醒了。原来是工业时代到了。工业时代像一个性急的人，它一点都不喜欢睡懒觉，只喜欢冲刺。在它的带领下，人类社会加速、加速再加速，发展得非常之快。然后信息时代、智能时代抢过了接力棒，人类社会的发展真的像坐了火箭一样。

这些越来越性急的时代是怎么到来的呢？是一次又一次产业革命把它们送到人们身边，治好了人类世界的“拖延症”。

第一次工业革命首先在英国启动，蒸汽机、纺织机进入了人们的生活。对于这第一次工业革命，我们首先要介绍的就是詹姆斯·瓦特（1736—1819）。他是英国著名的发明家，于1776年制造出第一台有实用价值的蒸汽机，这也标志着第一次工业革命的开端。后人为了纪念他，用他的名字“瓦特”作为功率的单位（即符号“W”）。

这里有一个容易被混淆的概念。蒸汽机不是瓦特发明的，瓦特只是制造了第一台有实用价值的蒸汽机。在他之前，蒸汽机早就出现了，也就是纽科门蒸汽机。但它的耗煤量大、效率低，不怎么实用。善于思考的瓦特逐渐发现了这种蒸汽机的毛病所在，决定对这个“老古董”进行改良。从1765年到1790年，他进行了一系列发明，比如分离式冷凝器、汽缸外设置绝热层、用油润滑活塞、行星式齿轮、平行运动连杆机构、离心式调速器、节气阀、压力计等，使蒸汽机的效率提高到原来纽科门蒸汽机的3倍多。终于，现代意义上的蒸汽机横空出世了！

如果把蒸汽机比作一个求职者的话，那它简直是人才市场里最抢手的香饽

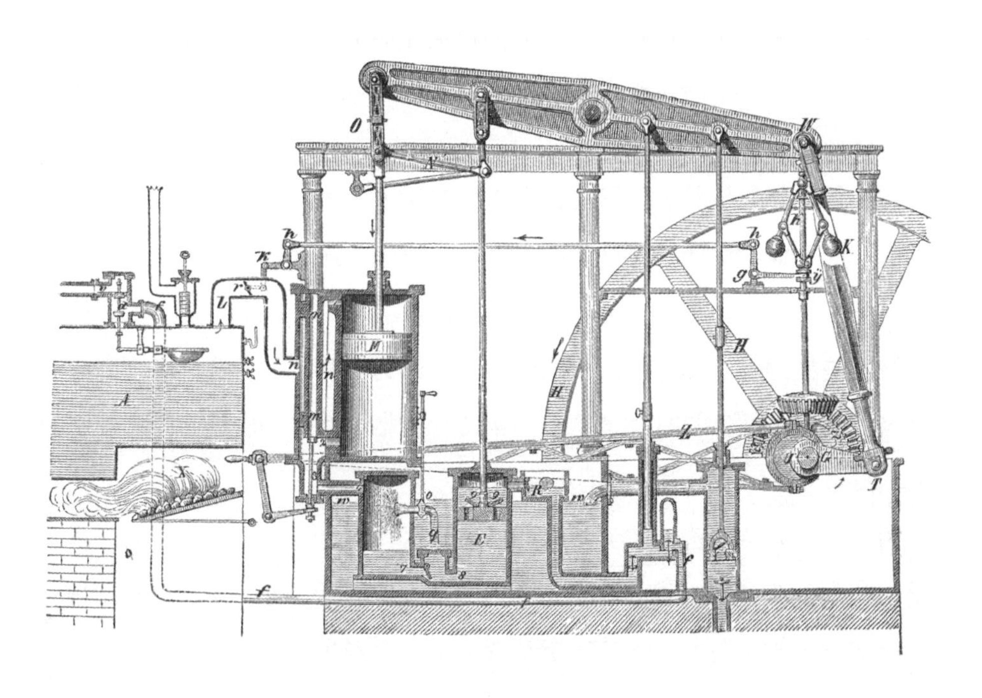

蒸汽机

饽。纺织业、采矿业、冶金、印染、机械、化工等一系列工业部门，统统给了它“offer”。蒸汽机从根本上改变了生产的面貌，提高了劳动效率，完成了社会生产力的第一次飞跃。

不仅如此，蒸汽动力还应用在了交通工具上。在瓦特之前，人们的交通工具主要是马车，既费时费力，又走不远。如果你想坐个船去看女朋友，那么“漂洋过海来看你”的故事大概能讲上好几个月。但是，一旦有了蒸汽机车、汽船，交通运输技术大大提升了，人们交往更方便了，社会生产也更便捷了。光有交通工具还不行，没有铁路的话，让机车怎么跑？所以，蒸汽动力的出现还带动了铁路的发展。19世纪40年代后，英国出现了铁路建设的热潮，美、法、德、俄等国也着手兴建铁路，很快形成了各自的全国铁路网。

第二次工业革命则以电机的发明为起点，以电力的广泛应用为标志。这次工业革命不仅推动了生产技术由一般的机械化向电气化、自动化转变，更直接改变了人们的生活方式。在这里，我们也要介绍几位那个时代伟大的、改变人类历史的发明家。

也许你还记得谍战片里经常会出现一个场景：两个互不相识的人为了确认对方的身份，都会用手指在桌上偷偷敲上一段“摩尔斯密码”。其实，“摩尔斯密码”就是“摩尔斯电码”，1838年摩尔斯（Samuel Morse）发明电报接收机，利用电流交替地通电和切断产生不同的信号，即点、划和空白，他以这三种不同讯号的组合造出表达26个字母和10个数字的电码，这就是以后全球通用的摩尔斯电码。

1876年，美国青年贝尔发明了靠簧片振动传声的第一部电话，他利用声音振动簧片，簧片附近的电磁铁随即把振动变成强弱变化的电流。电流经电线传到受话器，再利用电磁铁振动另一簧片，把电信号重新变成声音，从此人类的声音可借由电线传到远方。

当然，我们也不能忘了大发明家爱迪生，毕竟他当了我们好几十年作文素材的主角。他在 1877 年开始对用电发光技术进行研究，在众多竞争对手中脱颖而出发明了有商业价值的实用电灯。

爱迪生发明电灯

1864年，剑桥大学科学家麦克斯韦结合了电和磁的知识，在理论上证明了无线电波的存在。1894年，意大利人马可尼制作了第一架电波发射机。在他的设计中，电波发射机可以凌空发送一连串无线电波的信号。由于发送和接收设备之间不需用导线相连，这项技术就变成著名的无线电通信。

到了第三次工业革命，人们已经进入了“信息时代”。电子计算机的发明和广泛使用，以及各种“人-机控制系统”的形成，使生产的自动化、办公的自动化和家庭生活的自动化（即所谓的“三A”革命）有了实现的可能；空间技术和海洋技术的发展，则标志着人类社会已经可以“离开地球表面”，进入一个远为辽阔的陆海空立体新时期；基因重组技术、结构化学和分子工程学的进展，使人类获得了主动创造新生物和新生命的创造力，人类第一次体验到“造物主”的快乐与艰辛。回想起来，这一时期发生的事还是非常“魔幻”的。

现在，“第四次工业革命”已经把“智能时代”送到我们身边。其实这是和我们生活密切相关的一次革命，指的就是20世纪后期以人工智能、互联网产业化、清洁能源、无人控制技术、量子信息技术、虚拟现实以及生物技术为主的全新技术革命。“人工智能”已经成为生活中的一个热点，好像什么产品只要和“人工智能”沾上边，无论是价钱还是人气都要更高一点。其实，人工智能也有狭义和广义之分，狭义的人工智能包含了技术、算法、应用等多方面的价值体系，简单来说，现在的人脸识别、语音识别都是狭义的人工智能的应用。广义的人工智能是指通过计算机实现人脑思维产生的成果，产品是能够从环境中获取“感知”并通过计算执行行动的智能体，包括机器人、虚拟现实/增强现实（VR/AR），甚至物联网（智能制造）、大数据、云计算等，其应用就更广了。广义的人工智能正是本书所讲的人工智能。等这次工业革命中的新兴产业群发展成熟后，人类社会就会进入到智能时代的全盛时期。

现在我来提一个问题，为什么人类社会的发展是越来越快的？聪明的读者一定会回答：“是科技的发展促进了时代的发展。”没错，科技本身，也像被送上了火箭。

二、科学技术的加速度发展推动了社会的进步

“科学技术是第一生产力”，说的就是在物质生产过程中，技术是坐第一把交椅的，科学技术的进步是社会发展的物质动力。茹毛饮血的原始人和我们当代人拥有的自然资源差不多，没有多大的变化；作为主要劳动力的人类体能体力，也没有很大的变化。那么我们和原始人的差距究竟在哪里呢？其实，人类文明的多次升级，靠的就是科学技术的推动。现代人拥有而原始人没有的，也正是科学技术。

我们刚才在上一节说，人类文明有农业时代、工业时代、信息时代、智能时代之分，但是，我们是以什么依据来划分这些时代的呢？刚才我们说了一大堆，其实概括而言，就是科学技术。当人们掌握了炼铁技术，发明了铁器，才

有了铁制的农具和农耕技术，人类文明便进入了农业时代；钢铁冶炼技术、机械制造技术、化石能源的开采和提炼技术的应用，把人类文明推进到工业时代；而计算机和互联网技术的发明和应用，又使人类社会跃进到信息时代。高新技术又推动了新兴产业群的发展，使人类社会一步一步进入到智能时代。

不过，有一位牛津大学教授却不走寻常路，他就是信息哲学的创始人弗洛里迪。他的分类方式更有意思，他以“信息通信技术”（Information and Communication Technologies，ICTs）的出现作为分界线，把人类分成三个历史阶段：史前时代、历史时代和超历史时代。说得这么玄乎，但我们思考一下，这个所谓的“ICTs”的出现基本上等同于通常意义上的第三次工业革命。因为，“信息通信技术”的出现还是和20世纪40年代电子计算机的发明密不可分。

再来说说这三个历史阶段。史前时代，就是20世纪40年代之前，没有ICTs的时代；历史时代，指的是从20世纪40年代到现在，个体和社会福利与ICTs相关的时代；超历史时代，则是在不久的将来，个体和社会福利高度依赖于ICTs的时代。不管你是否认同这种分类法，都不能否认这位教授对于信息通信技术的重视程度确实是很明显的。

无论是哪种分类法，它们所依据的都是科学技术。既然科学技术的进步对人类文明的更新换代有着重要作用，那么从经济的角度来看，科学技术的发展有什么影响呢？我要告诉你一个惊人的数字。据统计，有史以来全球GDP总和的95%以上产生在18世纪工业革命以后，即前面的5 000多年产生的GDP总和远不如最近200多年的GDP总和，而信息革命更是加速了生产力的发展。可见，科学技术的加速进步也正促进着经济的快速发展。

还记得在20世纪90年代初，买一台像砖头一样大的“大哥大”手机要几万元人民币，那个时候，只要在马路上看到有人手里拿着“大哥大”，就可以判断这个人绝对是“大款”了，那时的几万元人民币可以在中等城市买个两室一厅的住宅了！想一想，现在如果你的朋友拿买房子的钱去买了一部手机，要么他脑子进水了，要么就是他富得流油。而仅仅20多年后的今天，买台小巧的二手手机，最低可能只要几十元，即使是功能繁多的智能手机，便宜的只需要几百元，贵的也就几千元，普通人都买得起。

科学技术发展之快是人们无法想象的。想当年，1946年第一台计算机问世时，它有30吨重，内装18 000个电子管，庞大的机身占了好几间房间，那时候，计算机还是被用在军事上的尖端科技。而到了20世纪80年代初，仅仅过了30多年时间，小巧的、便宜的家用计算机就走进了办公室和千家万户。

再举一个例子，在2010年，一个iPad2拥有足够的计算能力在一秒内执行16亿次指令（MIPS）。那时候购买这样一个计算能力只需100美元。这意味着，在20世纪50年代，你手中握有的那个一秒钟执行16亿次指令的设备会花费你100万亿美元！这是多么令人震惊的天文数字！60年间的掉价竟然要以“万亿”计算，简直跌得比股票还厉害得多。而仅仅三年之后，iPad2的计算能力又不值钱了，因为iPad4已经可以一秒钟执行170.56亿次指令，是iPad2的10倍之多，如今进入5G时代，速度更是iPad4无法比拟的！

如今，一个小小的智能手机，储存信息量都远远超过20世纪80年代的计算机。这就是摩尔定律在起作用，摩尔定律是由英特尔（Intel）创始人之一戈登·摩尔（Gordon Moore）提出来的。其内容为：当价格不变时，集成电路上可容纳的晶体管数目，约每隔18个月便会增加一倍，性能也将提升一倍。这么说你可能觉得比较抽象，换一种说法，每一美元所能买到的计算机性能，每隔18个月，就会翻一番。按照这个说法，信息技术进步的速度快到令人瞠目结舌。

再说一个计算机网络先驱、3Com公司的创始人罗伯特·梅特卡夫，他提出的以他名字命名的“梅特卡夫定律”：网络的价值与系统内部节点之间连接的数量的平方成正比（n^2）。比方说，一个有2台电脑的网络，只有一条连接，价值也只有1，而如果电脑网络节点有4台的话，会产生6条连接，那就意味着网络的价值为6^2，提升到原来的36倍；如果10台的话，这个数字变成了2 025（45^2）；100台的话，就变成了惊人的24 502 500（1550^2）。而在2015年有250亿台设备连接上互联网，到2020年这一数字估计会是500亿台。有兴趣的读者可以自己算一算。仅仅过去了5年，网络价值就翻了无数倍。

按照计算机和手机的发展速度来推算，也许再过二三十年，估计那时候花个几百元、上千元人民币就能买一台很聪明能干的机器人了。到那时，大部分的体力劳动都将由机器人来承担，夫妻俩再也不用为家务事而吵架了。不仅是机器人，到那时，估计太阳能发电都已经替代了大部分的火力发电，电价会大幅下跌；还有各种性能优异的新材料会层出不穷，且价格低廉。

有读者可能想跟我争辩一下："为什么这种高科技的东西却能卖得便宜？大自然提供了免费又用不完的自然资源，新兴产业开发出一系列高新技术，来使用这些资源。但是，开发高新技术又需要投入大量的人力、物力、财力，人们为了回收高新技术的研发成本，使用高新技术就需要付'专利费'，这就使本来免费的自然资源变成产品后就要钱了，价钱不是应该上涨了吗？"

这真是完美的推理！但是，我们要说价钱的上涨只是暂时的。在开始的阶段，由于需要支付专利费及一系列的启动资金，产品的价格确实会变得很贵。但是"专利"也是有保护期的，一般发明专利权的期限是15～20年；实用新型专利权的保护期一般为10年。也就是说，只要过了10～20年的专利保护期，再使用该项高新技术，就不需付专利费了，这时的高新技术就成为免费的、全人类可共有共享的核心技术，价格当然就会下降了。

言归正传，在本节的结尾，我再来问一个问题，我们知道推动人类社会发展的是科学，那科学发展为什么也像坐上了火箭？这个幕后推手到底是谁？这里，我们要介绍一条定律——组合性爆炸律。

三、技术大综合的威力——组合性爆炸律

“组合性爆炸律”是个什么东西？其实古代中外的哲人们，已初步作出了回答。古希腊的思想家柏拉图认为是“从一发散”的；中国古代的老子在《道德经》中就指出：“道生一，一生二，二生三，三生无限。”这些思想都是“组合性爆炸律”的原型。

我们先把“组合性爆炸律”这个概念抛在一边。说到“爆炸”，你可能第一个想到的就是“宇宙大爆炸”。我们来回忆一下“宇宙大爆炸”是怎么说的。天体演化理论认为，宇宙大爆炸伊始只有单一的宇宙之砖，宇宙之砖就像盖房子一样，凝聚成基本粒子。据高能物理实验所得，发现它凝聚成了300多种基本粒子，但是其中稳定的基本粒子只有五种，它们是：质子、中子、电子、光子、中微子。其中的三种——质子、中子、电子构成原子，而它们又组合成了92种原子；这92种原子又构成无数种分子；再由原子分子构成万事万物。我们可以发现，从质子、中子、电子3种基本粒子开始，由3种基本粒子变成了92种原子，由92种原子变成了无数种分子，再由无数种分子构成了万事万物。这些数量是以“爆炸”式地推进的，而这正是“组合性爆炸律”的一个例子。

其实，就跟26个字母能组成许许多多令人头疼的英语单词一样，组合性爆炸现象就是指由两个或两个以上的子系统构成不同类别的大系统时，所构成大系统种类可能的数目比原有子系统的数量要大得多，因此用“爆炸”来形容。

再举一个“计算机语言”的例子。宇宙间所有的自然信息和社会信息，都可以用数字来表达。我们知道在二进制中，通过不断地重复、组合0和1这两个最简单的数字，便可表达出宇宙间和地球上所有的信息，包括声音、影像及各种符号。这就是0和1两个子系统所形成的“组合性爆炸”现象。

社会、信息也都以“组合性爆炸”的形式飞速发展着。社会的加速发展就是由于系统的“组合性爆炸”的结果。我们通常所说的“信息爆炸”现象，也是由于信息的“组合性爆炸”所造成的。

当然，科学技术也是呈“组合性爆炸”的。以工业时代技术的“组合性爆炸”为例，正是因为有了能源、材料、机械三者的组合性爆炸，从而产生了几百几千种千姿百态的机器设备，构成了工业时代的机械王国。

工业时代技术“组合性爆炸”是以能源、材料、机械为基本要素而展开的，这是一场“能源融物”的革命。

不同的能源（蒸汽动力、电力、内燃机）与不同材料（钢铁等）、不同机械（齿轮、轴承等机器零件）相结合，就会产生各种各样的设备。比如，在工业时代初期，蒸汽机为主要能源。能源与不同机械、不同材料“组合性爆炸”的结果，就是产生了各种轻工业机械（如纺织机），以及火车、轮船等大型交通工具。

当发电机和电动机发明后，工业革命进入了电气化时代。这时，电力成了主要能源。电力与不同的材料、机械结合，又“炸”出了各种各样的电动机。而电动机又与各种各样的机械发生“爆炸”，重工业就出现了。这样，电灯、电话、电报、家用电器等就普及了开来。

而当各种石化产品（汽油、柴油）成为主要能源时，这些石化产品与各种材料、机械组合，“爆炸”产生了“内燃机”。而内燃机又与各种各样的机械发生“爆炸”，汽车就被发明出来了。接着飞机、各种农业机械等也就得到了广泛的应用。

就这样，由于能源、材料、机械三者的“组合性爆炸”（也就是技术井喷），各种各样实用的设备被创造出来。到了信息时代，这三者的结合又“炸”出了人工智能。

1946年计算机的发明，标志着人类社会开始进入了信息时代，1956年达特茅斯人工智能会议，又使人类社会开启了人工智能时代的序幕。

人工智能到底给我们带来了什么呢？人工智能的效果可以从两方面来考量，一方面是对环境的作用，另一方面是对机械的作用。

人工智能对环境有着三层作用。

第一，人工智能对环境的第一层作用，是影响了人们的家居生活。物联网、云计算、大数据等一系列新一代信息产业的应用，使得建筑好像被注入了“灵魂”，成为智能建筑；家居设施有了“智能”，成为有“灵魂”的智能家居……这种智能建筑现在已经产业化生产了，在一些科技先进国家的大都市中，都可以买到智能住宅，这意味着它们将走入千家万户，融入我们的日常生活中。

第二，人工智能对环境作用的第二层作用，是促进了智慧城市的建设。物联网、云计算、大数据除了使建筑物有了“智能”以外，城市交通、水电煤供应、城市排污等基础设施、医疗卫生、教育系统、城市管理系统也都有了“智能”。自2013年初，随着我国第一批智慧城市试点的启动，智慧城市的建设正一步步走向规模化。

第三，人工智能对环境的第三层作用，是推动了智慧地球的提出。2008年美国IBM公司首次提出“智慧地球”的概念，得到世界各国的认同。所谓智慧地球，也就是要使整个“地球村”智能化。从家居生活，到城市建设，再到智慧地球，人工智能正在一步步“入侵”我们的生活。

不仅如此，人工智能还有对机械的作用。也就是说，它大大推动了机器人的发明和应用。在工业时代机器王国的基础上，将物联网应用于现有的机器设备，使它们都产生了智能，其意义和价值可能更大于人工智能对环境的作用。因为当机器都有了智能，它们就不再需要由人来操控，它们可以自动生产、自主作业。由此看来，人工智能不仅是要“入侵”我们的生活，而且它还要把人类逼得“走投无路”！

于是，街上有大批手足无措的人出现了。他们心里想着：什么事都让机器人做去了，我到底能做什么呢？彷徨中，他们决定前往就业咨询中心，却发现窗台里坐着的依然是一个个“笑脸相迎”的机器人，就连介绍工作的人也失去了工作！这是一种怎样的场面啊！可见，科学发展使社会物质产品极大丰富的另一面，也隐含着一个社会问题。在19世纪下半叶的英国，被机器夺走工作的纺织手工业者纷纷砸毁织布机，以宣泄心中的怒意。这一悲剧会重新上演吗？科学技术的发展固然是造福人类的好事，但是大至人类的命运小到个人的职业也将被重新思考。美国未来学家雷·库兹韦尔提出了一个“奇点理论”，该理论预言：在2045年计算机智能与人脑智能可以完美地相互兼容，纯人类文明也将终止。届时强人工智能将会出现，并具有幼儿智力水平。在到达这一节点一小时后，人工智能就能轻易推导出爱因斯坦的相对论，以及其他作为人类认知基础的各种理论；一个半小时后，强人工智能又会变成超级人工智能，智能瞬间达到了普通人类的17万倍！当这一时刻真正到来之后，我们可能要重新问问自己：我从哪里来？我要往哪里去？

19 世纪下半叶的英国，纺织工人群体内还多次爆发了对抗工业革命的暴动，他们砸毁织布机，以宣泄失去工作的怒意，史称“卢德主义运动”。

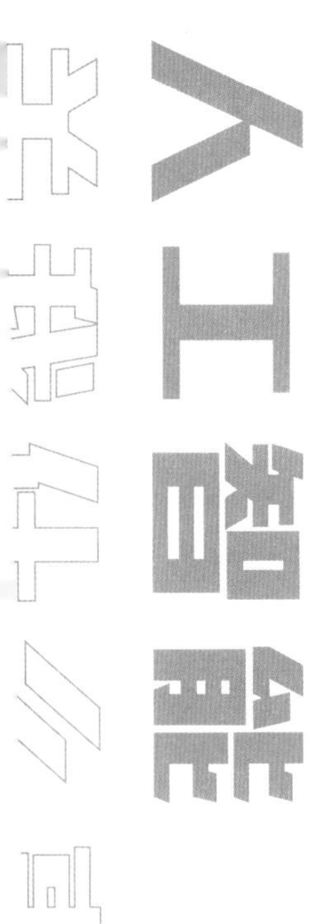

第二章

将至已至

机器成为人还是人成为机器？

说到人工智能的历史，大家自然而然会想到的问题是，人工智能是何时、如何诞生的？你可能开始回忆了：好像也就是近几年，人工智能开始进入公众视野。不过，小时候在博物馆看到的机器人应该也算是人工智能，那时候机器人还是个新鲜玩意儿……往远了说应该也就三十几年吧！那时候一定是有一群顶尖聪明的人一拍脑瓜子，说："计算机都已经这么发达了，我们来研究一下它能不能像人脑一样工作！"然后一呼百应，越来越多的人参与研究这个课题，造就了人工智能今天的"辉煌"。

然而，这话只说对了一半。顶尖聪明的人是说对了，但是人工智能的历史远比这三十几年长得多。或许很难想象，在1950年，就有一个人提出了机器智能的设想。1950年是什么概念？那时候距离世界上第一台通用电子数字计算机宣布诞生才过去四年。还记得吗？就是教科书上那个名叫ENIAC的庞然大物。或许你会问："什么？那时候计算机才刚刚出来，就想着人工智能了，那不就是想一口吃成个胖子嘛。"这确实有些不可思议，但是伟大的人总有超越时代的思想。这个伟大的人物不仅有了想法，还发明了一项有趣的测试，来确定一台机器到底具不具备人类智能。

有的读者要心急了，这个人到底是谁呀？其实说出来大家都知道，就是计算机科学之父艾伦·麦席森·图灵。图灵这个人不简单，不仅是“计算机科学之父”“密码之父”，还是人工智能的奠基者。而那项有趣的测试就是“图灵测试”。

一、图灵

说到英国科学家图灵，有的读者可能会想起流传已久的故事：据说苹果公司创始人乔布斯非常崇拜图灵，为了纪念图灵，将苹果公司的Logo确定为一只被咬了一口的苹果，因为图灵就是咬了一口含氰化钾毒物的苹果自杀的。

图灵1912年生于英国伦敦，从小就是一个天才，少年时就表现出独特的直觉创造能力和对数学的爱好。这么说有点抽象，举个例子，15岁的图灵为了帮助母亲理解爱因斯坦的相对论，竟然把晦涩难懂的相对论写成比较容易理解的内容形式。

但图灵的结局令人唏嘘不已，他因为被指控为“明显的猥亵和性颠倒行为”罪，身心都受不了折磨，最后在1954年6月7日，他咬下浸染过氰化物溶液的苹果自杀了。一颗科学巨星就这样陨落了，不禁让人扼腕叹息。但是，也许有人会问：“‘明显的猥亵和性颠倒行为’罪到底是什么样的一种罪？”真相可能会令你大吃一惊。这种“罪”，就是我们所说的同性恋。在我们现代人看来，这根本就不能算是一种罪。但是在20世纪50年代的英国，这竟然和“违法犯罪”联系在了一起。他们不仅认为这有伤风俗，而且在当时的“冷战”背景下，还会被当成是对国家安全的一种“威胁”。而且，警察之所以找上了图灵，是因为图灵的男性伴侣背叛了图灵，并且盗窃了他的东西。图灵向警方报了案，但警察顺藤摸瓜，把图灵是同性恋一事也查了出来，图灵因此获罪。当时图灵只有两种选择，要么坐牢，要么被“化学阉割”（就是被注射雌激素）。图灵显得很平静，为了能继续科学研究，他只能选择雌激素注射。日复一日，图灵实在无法忍受，选择了自杀。“这简直不可理喻！”听了图灵的故事，也许你开始愤愤不平了。然而，我们不能站在现在的立场上评价过去人的道德观念。我们只能感叹图灵“生不逢时”，并对历史有所反思，避免同样的悲剧再次发生。

话说回来，图灵对人工智能有什么贡献呢？电影《模仿游戏》讲述了图灵的一生，尤其注重于图灵在第二次世界大战期间破译德国密码，从而扭转第二次世界大战战局的传奇经历。图灵从小就对数学、科学有浓厚的兴趣，而且他擅长跑步。电影中也出现了“图灵”穿着背心在田间小路中奔跑的场景。然而，“运动员”图灵却被“科学家”图灵的光芒所掩盖了。我们来看看电影里的一段精彩对话：

图灵因同性恋而被捕入狱，他和一位警察进行了交谈。这位警察对图灵的著作很感兴趣。

警察：“机器能思考吗？”

……

图灵：“好吧，关键是你这个问题本身就很愚蠢。”

警察：“是吗？”

图灵：“机器当然不能像人一样思考。一台机器跟一个人是不一样的。因此它们的思考方式不同。有趣的是，正是因为某些东西跟你的思维方式不同，就意味着它们不能思考吗？我们允许人类的思想有千差万别，你喜欢草莓，我讨厌滑冰，你看悲伤的电影哭得不成样子，我对花粉过敏，不同的口味，不同的偏好，到底意义何在？如果不是因为我们的大脑运行的方式不同，我们的思维方式有异的话，还有如果我们可以承认人与人之间的思维差异，那么为什么我们要否认用铜、电线和铁建造出来的大脑呢？”

警察："所以这是你书里的理论吗？书名是什么？"

图灵："模仿游戏。"

英国布莱切利庄园破译机"巨人"的控制面板

电影名称的来源就此揭晓了，其实电影中图灵回答了21世纪的我们对"机器会不会思考"的疑问。但是电影终究是电影，它能反映历史，但它叙述的不是历史本身。接下来，我们要讲讲历史上，图灵对于"机器思考"这方面做出的贡献。

我们知道，图灵发明了"图灵机"这个抽象的计算模型概念。图灵通过对人类思考方式的观察和抽象，建造了这个计算模型。人工智能也是基于这个设想而实现的。1950年，他发表了一篇论文《计算机与智能》，为人工智能科学提供了开创性的构思。后来，图灵又发表了一篇名为《机器能思考吗？》的论文，光是看这两篇论文标题，似乎就已经和"人工智能"沾上点边了，而在论文中，图灵也确实提出了"机器思维"的概念，他可是提出这一概念的第一人。

由于当时并没有"人工智能"的概念，人们对"智能"难以准确地定义，图灵便提出了一个设想，也就是"图灵测试"：在一间屋子里有两个被测试者，分别是一台计算机A和一个人B，另一个人C作为测试者在隔壁屋子里。测试者和被测试者在相互隔开的情况下，只能通过一些装置（比如计算机键盘）进行交谈；测试者C需要判断每回合和自己交谈的是人还是计算机。如果计算机在问答的过程中让测试者误判的比率超过30%，它就算通过了“图灵测试”。通过了“图灵测试”，这台计算机就将被认为是具有人类智能。图灵预言道，这样的计算机将在公元2000年出现。

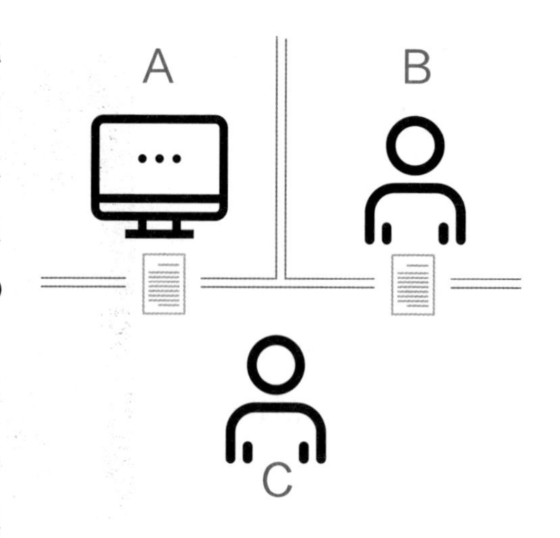

言归正传，在20世纪50年代，图灵为了定义“智能”而提出的这一种设想，至今仍然有其独特的魅力，每年都有试验的比赛。1997年IBM机器人“深蓝”战胜世界国际象棋冠军卡斯帕罗夫，2016年起谷歌机器人“AlphaGo”先后战胜世界围棋冠军李世石、柯洁，当今世界已经有很多“机器客服”“机器老师”，都能像真人一样和你交流，给你上课、解答疑惑，它们已经成了某一领域的“专家”，这些无不证明了图灵的天才预言。

正义虽姗姗来迟，但终究没有缺席。1966年，计算机科学（也是人工智能）最高奖被命名为“图灵奖”，相当于这个领域的诺贝尔奖。2013年底，在图灵逝世59年之后，英国女王颁布了皇家赦免令，英国司法部部长格雷灵在宣读皇家赦免令时说：“图灵的晚年生活一直因为同性恋行为被定罪而深受困扰。现代思想认为，这种判罚是不公正的，因此已经将其废止。同时图灵博士对战争的卓越贡献和在科学界留下的遗产应该被后人铭记和认可。女王的赦免令是对这位不同寻常之人应予的致敬。”

二、马文·明斯基

刚才我们也提到，一定是有一群顶尖聪明的人，为人工智能的发展付出不懈的努力。图灵先对机器智能有了设想，那么是谁在这个领域率继续深入研究并成果卓著呢？在这群顶尖聪明的人中，最杰出的就是在2016年去世的美国科学家马文·明斯基。

我们略回顾一下他的不平凡的一生。1927年，马文·明斯基诞生在纽约，1944年到1945年，他在海军服役。1950年，他从哈佛大学数学系获得了学士学位，但这个理工男并不是书呆子，他对音乐也很有研究。据说他在哈佛读书期间，曾经在钢琴前即兴弹奏一曲美妙动听的乐曲献给他追求的女孩，但是被“残忍”地拒绝了。也许你想调侃一下：“那时候的理工男就已经被妹子们嫌弃了？”，但我估计是因为明斯基很早就谢顶了（读到这里，我想读者群里一定有不少单身朋友摸了摸自己光亮的脑门）。1954年，明斯基又在普林斯顿数学系获得了博士学位。当时，明斯基以“神经网络和脑模型问题”为题完成了博士论文，但评审委员会并不认为这是数学。也就是说，明斯基被认为是写了一篇“偏题论文”。

马文·明斯基

大家不要以为写了“偏题论文”的马文·明斯基没什么本事。恰恰相反，马文·明斯基有多厉害呢？他身上的头衔几乎都是“第一个”“首位”“最早”，简直就跟开天辟地的盘古差不多了：他和他的伙伴们硬生生地制造出“人工智能”这一日后风靡世界的词汇，是世界上第一个人工智能实验室——“MIT人工智能实验室”联合创始人，是人工智能领域最高奖“图灵奖”第一位获得者，是虚拟现实的最早倡导者，还创立了世界上第一个机器人公司。是不是被这扑面而来的一系列头衔“砸”晕了？

搭积木的“机械手”

说到明斯基的贡献，我们从他发明的三个“小弟”开始说起。这三个“小弟”各有所长，先来说说前两名小弟，一个叫Robot C，一个叫“14度自由机械手”。Robot C是世界上最早的能够模拟人活动的机器人，而“14度自由机械手”则带有扫描仪和触觉传感器，特长是搭积木。说到这个“机械手”，我们有必要谈谈它的诞生地。我们刚才说他是“MIT人工智能实验室”的联合创始人，这个“机械手”正是在“MIT人工智能实验室”诞生的。

1958年，明斯基离开了哈佛大学，到了麻省理工学院（MIT），和麦卡锡一起创建了这个实验室。这么说可能有人觉得不够生动形象，那我打个比方，用中国的例子来讲，就是明斯基离开了“北大”，到“清华”建立了实验室。在我们最“志向远大”的小时候也仅仅只是纠结读“清华”还是“北大”，人家“清华”“北大”都不耽误，知道他的厉害了吧？实验室建立之后，学生和工作人员们都涌入实验室，尝试着对人类思维和智能建模，并且尝试着建立实用性的机器人。在这样的背景下，明斯基设计和建造了这样一个可以像人一样搭积木的机械手。这个实验室直到今天，仍然是人工智能领域最前沿、最权威的学术机构。在建立了实验室之后的20世纪60年代，明斯基还提出了“telepresence（远程介入）”的思想。不要觉得高深莫测，其实这就是我们熟悉的“虚拟现实”（Virtual Reality，VR）。很多人去过上海迪士尼乐园，最火爆的项目“飞跃地平线”即使在旅游淡季平均游客排队等候时间超过三个小时以上，只要你坐上那把长得跟太空椅一样的椅子，戴上一副特殊的VR眼镜，你就可以“亲身”体验你从未体验过的刺激经历：时而翻越高山，时而潜入海底，时而又到了迪拜塔顶，时而又被鲨鱼追赶，这便是虚拟现实技术的一个典型应用案例。我们也会在有的商场里的VR馆体验到类似情景，无论你做出什么样的惊恐表情和动作，路过的甲乙丙丁都不会觉得这个人有精神问题，反而会说：“哇！这个人好像玩得很‘high’的样子！”这时候，假设你刚巧路过，你心里非常想玩，就问问店员玩一次VR的价格。店员头也不抬，来了个狮子大开口：“玩一次两百元。”你心想，这也太贵了吧？但是又觉得因为价钱太贵而溜走，好像有点没面子。我来教你一招！你只需要说一句：“什么嘛，20世纪60年代明斯基玩剩下的东西，到现在还能卖到200元。”然后头也不回地走掉，背后的店员保准会向你投来疑惑不解而又略带“敬意”的目光。开玩笑归开玩笑，但确实，在20世纪60年代，明斯基就开始玩起了“虚拟现实”。虽然设备没有我们现在这么好，但他能通过微型摄像机、运动传感器等设备，让人“身临其境”地体验到了驾驶飞机、在战场上厮杀这些现实中不太能体验到的事情，这也奠定了他“虚拟现实的最早倡导者”的地位。

接下来压轴出场的第三位小弟，名叫“Snarc”，它是明斯基在读博士时建造的，特长是走迷宫。这位小弟的来头可不小，它是世界上第一个神经网络模拟器。

MIT人工智能实验室

神经网络模拟器？这个好像和刚才明斯基的那篇“偏题论文”有点像，都是讲“神经网络”。我们知道，人的大脑神经就像是一张网。至于“神经网络模拟器”，顾名思义，就是用计算机模拟人的神经网络。马文·明斯基认为人的“智能”不过是无数“非智能”的神经细胞互相作用的结果，这些“非智能”的神经细胞组合起来，就构成了“智能”。换成计算机也一样，明斯基认为“智能”并不存在于中央处理器，而是由各种被称作“智能体”的小处理器构成的，每个“智能体”听起来很智能，实际上它们本身只能做简单的任务，并没有心智。当这些没有心智的“智能体”连接起来的时候，它们就产生了智能。这样看来，人和机器之间没什么差别。机器可以模拟无数“非智能”的神经细胞，组成一张人工的“神经网络”，那么理论上就能模拟出人的大脑，也就是模拟出“智能”。这样，人工智能似乎也就可行了。

“Snarc”就是基于这样的理论被制造出来的。这位小弟的“脑袋”里就是有这么一张人工的“神经网络”，虽然它只有40个“电子神经元”（再加上一个奖励系统），跟人类比还是差得十万八千里。但“神经网络”却成了一个非常重要的概念，被认为是“人工智能”的起源。对了，这位“Snarc”还有一个兄弟，它的兄弟名气更响亮，那就是大名鼎鼎的“围棋大师”——AlphaGo，它的脑袋里也有这么一张“神经网络”。就这样，“Snarc”作为明斯基的得意之作，伴随着明斯基参加了被公认为人工智能起点的1956年6月的“达特茅斯夏季人工智能研究会议”。当然，明斯基的贡献可不止这三位小弟，马文·明斯基还有很多贡献，比如框架理论、K-Line知识线等。图灵探索了机器会不会思考，而明斯基则探索了机器有没有情感（他在2006年出版了代表作《情感机器》）。我们现在好像渐渐接受了“机器会思考”的设定，毕竟几年前，AlphaGo就已经打败了世界顶级围棋棋手李世石和柯洁。如果这都不算“会思考”，那我们作为一个普通人，岂不是没脑子了？但是机器有没有情感呢？

MIT人工智能实验室外观

如果我问，情感（emotion）包括哪些？有人会回答：“高兴、悲伤、愤怒、害怕等。”有人会回答：“爱和恨。”但是，明斯基是怎么看待这个问题的呢？他说：“我们把‘情绪’这个词当成了一口箱子，凡是我们不理解的意识状态统统都往里扔。”确实，这个词表达的东西太多了，我们也不太清楚大脑是怎么催生出这些“情绪”的。但是明斯基为我们提供了一种新的设想：他认为人的大脑中有四百种不同的机制，要是把它们都打开，就会像街上处处都亮绿灯一样，反而会造成堵塞。情绪产生时就在这四百种机制中做出选择，愤怒时就打开其中的三十或一百个，思考数学时就打开其中的一百个，每个心智状态或情绪状态都是激活机制中的几组后产生的。而这种激活与选择，我们是无法真正意识到的。而且以目前的技术来看，我们是无法确切明了地知道这四百个机制是如何运作的。

大师就是不一样，他总是能从一个我们从未思考过，但听起来却很有可能的角度去思考问题。虽然明斯基认为，我们自己无法意识到大脑中情绪的运作，但是通过将大脑看成一大片可关可开的机制的组合，人们将有可能设计出“情感机器”。所以，明斯基的《情感机器》其实可以被视为“如何构建智能机器”的一个计划，而且明斯基本人也对此很有信心，他曾表示，自己很愿意雇佣一帮程序员来实现书中所描述的情感机器的体系结构。其实，最近几年我们也听到了各种各样关于机器人学习了多种面部表情的新闻。看来，也许明斯基所盼望的“情感机器”就快要到来了。

明斯基横跨实业界和学术界，硕果累累。他一直在担任麻省理工学院教授，并在他一手创立的在人工智能研究领域世界排名第一的MIT人工智能实验室工作（当了几年主任后，他让位于他的助手，自己专注于研究），直到2016年1月去世。

三、人工智能的诞生——达特茅斯夏季人工智能研究会议

我们的重头戏来了，上回说到明斯基带着“Snarc”参加了1956年6月的“达特茅斯夏季人工智能研究会议”。这个会议是受洛克菲勒（就是那个石油大王）基金的资助，在美国达特茅斯学院（这可也是常春藤名校啊！）里召

开的。

达特茅斯会议旧址

不过，洛克菲勒基金也不是随随便便给钱的，需要申请者提交申请提案。年轻的达特茅斯学院教师麦卡锡等人在申请洛克菲勒基金的提案里，前瞻性地提出如何制造机器来模拟人的学习或智能的问题，并罗列了他们计划研究的七个领域：自动计算机、自然语言处理、神经网络、计算规模理论、自我改进、抽象、随机性和创见性。麦卡锡认为，如果精心挑选一些科学家在一起工作一个夏天，则可以在这些问题上取得重大的进展。

这个会议有什么来头呢？不说不知道，一说吓一跳，在这个会议上，“人工智能”（Artificial Intelligence，AI）一词正式宣告出世，最终成为后人公认的开创人工智能领域的重要里程碑事件，1956年也是公认的“人工智能元年”。也就是说，我们之前所用到的“人工智能”四个字只是为了说明方便，那时候大家实际并不把这一领域称为“人工智能”。其实，英国人最早的说法是“机器智能”（Machine Intelligence），这可能和图灵那篇“计算机与智能”有关。

麦卡锡当时是达特茅斯学院的数学系助理教授。1954年，达特茅斯学院数学系同时有四位教授退休，这对达特茅斯这样的小学校来说，简直是一次沉重的打击。刚上任的年轻系主任克门尼之前两年才在普林斯顿大学逻辑学家丘奇门下取得了逻辑学博士，于是跑到母校求援。他成功地从普林斯顿大学数学系带回了刚毕业的四位博士前往达特茅斯学院任教，麦卡锡是其中之一。1997年5月11日，深蓝计算机在国际象棋比赛中以2胜3平1负的战绩首次击败排名世界第一的棋手加里·卡斯帕罗夫，震撼世界！深蓝能够赢得胜利，靠的就是麦卡锡研究出的“α－β搜索法”。在这次达特茅斯会议之后的1959年，麦卡锡又开发了著名的LISP语言，成为人工智能界第一个最广泛流行的语言，不过这是后话。

其实，28岁的麦卡锡能够作为会议发起人，这足以证明他的实力。这次会议持续了近2个月，“人工智能”领域中的各路大神齐聚一堂，参与了一场头脑风暴。参与者除了28岁的约翰·麦卡锡之外，还有28岁的马文·明斯基、37岁的罗切斯特、40岁的香农、40岁的西蒙和28岁的艾伦·纽维尔等。这些人之中，大多数都还是初出茅庐的年轻人，最有名的应该属美国科学家香农了。

2006年，会议五十年后，当事人重聚达特茅斯。
左起：摩尔，麦卡锡，明斯基，赛弗里奇，所罗门诺夫

论长相，香农应该是有史以来最帅的科学家之一了。论出身，据说香农是爱迪生的远亲戚，而且从小才智过人。论学历，香农获得了麻省理工学院（MIT）数学博士学位和电子工程硕士学位，而且仅凭一篇硕士论文，就带领人类进入了信息时代。论交游，和他往来的都是科学界的“大神”，博士毕业后他去了普林斯顿高等研究院，曾和数学家外尔、物理学家爱因斯坦、逻辑学家哥德尔等共事过一段时间。第二次世界大战中，他一直在贝尔实验室做密码学的工作。值得一提的是，香农曾和图灵有过会晤。1943年，图灵秘访美国，和同行交流破解德国密码的经验，其间，就和香农一起聊过通用图灵机。第二次世界大战后，香农去英国还回访过图灵，讨论过计算机下棋。论成就，香农是著名的数学家，又是信息论的创始人，他提出了熵的概念，为信息论和数字通信奠定了基础，而且在1950年，也就是图灵提出“图灵测试”的那一年，香农在《哲学杂志》发表过一篇讲计算机下棋的文章，为计算机下棋奠定了理论基础。论才艺，说出来大家可能不信，香农最爱的娱乐活动居然是杂耍！明斯基弹钢琴倒也蛮符合他的气质的，香农玩杂耍又是怎么回事？曾经在一场国际大会上，在场的都是信息领域的“大神”，香农这位在致辞之后，居然掏出了三个杂耍用的圈，像小丑抛球一样扔了起来！这勇气，这魄力，全世界都欠他一张“杂耍学博士”的证书啊！香农也是这么认为的，所以他就自制了这么一张证书，摆在自己家里……无论是长相、出身、交游、成就还是才艺，香农都可以说是顶呱呱的人物，他在当时的科学界赫赫有名也不足为奇了。

不说香农了，说回这次达特茅斯人工智能会议吧。由于年代久远，整个会议中具体还有哪些人参与了哪些环节，已经尘封历史，组织者麦卡锡也遗失了当初参与者的名单记录。但从参与者后来的采访及回忆录中我们得知，明斯基的Snarc，麦卡锡的α－β 搜索法，以及西蒙和纽维尔的“逻辑理论家”当年是会议的三个亮点。

我们已经认识了明斯基的小弟“Snarc”和麦卡锡的α－β搜索法，那么西蒙和纽维尔的“逻辑理论家”又是什么呢？其实，“逻辑理论家”程序模拟的就是人们用数理逻辑证明定理时的思维规律。这是世界上第一个人工智能程序，有能力证明罗素和怀特海《数学原理》第二章52个定理中的38个定理。好吧，虽然不知道这些定理到底是怎么回事，但是听起来很厉害的样子，也有可能勾起了你中学时的痛苦回忆。

不过，我们还是可以说说赫伯特·西蒙和艾伦·纽维尔的故事。如果你观察了上面所提到的两人的年龄，你会发现，西蒙比纽维尔大了12岁。麦卡锡和明斯基是同龄，他们有合作很正常。但是相差12岁的西蒙和纽维尔，是怎么凑到一起的呢？其实，西蒙是纽维尔的老师，纽维尔的博士学位也是西蒙授予的。和东方人“毕恭毕敬”的态度不一样，西方人师生之间的关系仿佛更加平等。设想一下，如果你和你的导师共写一篇论文，你敢把名字放在他的前面吗？即使是导师无所谓，你可能也不会这么做。因为我们中国人注重“尊师重道”。但是，西蒙和纽维尔却不吃这一套，他们是一种纯粹的合作关系，据说，他们合作的文章署名都是按照字母顺序排列的，也就是纽维尔（Newell）在前，西蒙（Simon）在后，如果有人把西蒙的名字放到纽维尔之前，西蒙都会及时纠正。他们这次是作为卡内基梅隆大学的研究者来参加这次会议上的。超级细心的读者又会问：纽维尔和麦卡锡、明斯基的年龄一样，他们难道是同学？这个猜测还真有点道理。我们知道明斯基从普利林斯顿大学数学系拿到了博士学位，而纽维尔的硕士也是在普林斯顿大学数学系读的。不过，他俩的第一次见面却不是在数学系，大概只能算半个同学。

如果要用一个词来概括明斯基、麦卡锡、西蒙、纽维尔，除了“天才”，那就都是图灵奖的获得者。获得图灵奖，就相当于获得计算机信息领域的诺贝尔奖。那么香农呢？香农根本用不着得图灵奖，他作为信息论的发明人，在科学史上的地位和图灵也差不多了。还有人把他和爱因斯坦相提并论的，加州大学荣誉教授约翰·皮尔斯说："香农的信息论的伟大程度可以与爱因斯坦的$E=mc^2$相提并论。"美国畅销作家威廉·庞德斯通曾在《财富公式》一书中说："贝尔实验室和MIT有很多人将香农和爱因斯坦相提并论，而其他人也则认为这种对比是不公平的——对香农不公平。"我们不得不感叹，这是一场多么重量级的会议啊！心急的读者一定会问：这次会议一定讨论出了什么新的东西，让人工智能有了进一步的发展吧？遗憾的是，这次会议讨论了这么久，也没个新的突破。

不过，从这次会议之后，人工智能被寄予厚望，人们对人工智能抱有了越来越多的热情。1958年，计算科学家罗森布拉特提出了由两层神经元组成的神经网络，即单层神经网络。这个罗森布拉特据说是明斯基的中学同学，我们不由得感叹一下连人工智能领域都是一个"圈"。罗森布拉特给它起了一个名字——"感知器"（Perceptron）。感知器是当时首个可以学习的人工神经网络，能够学习识别简单图像。它一出现就引起了轰动，人们认为智能的面纱已经被揭开，许多学者和科研机构纷纷投入到神经网络的研究中，真正的"一呼百应"到来了。据说，当时美国军方还不惜斥巨资资助神经网络的研究，把它看得比"原子弹工程"更重要。学界认可，官方支持，按道理，人工智能应当突飞猛进了。

俗话说，盛极必衰，希望越大，失望越大。这段狂热经历了11年，于1969年宣告结束，而这一"终结者"，正是"人工智能之父"明斯基。

四、人工智能的浴火重生

1969年，明斯基和派珀特合作写了一本名为《感知器》（*Perceptrons*）的书（没错，就是我们刚才提到的，1958年带来巨大轰动的“感知器”），使神经网络走入了低谷，所以全世界都把原来的神经网络项目取消了。明斯基怎么说的呢？他指出，神经网络被认为充满潜力，但实际上无法实现人们期望的功能。在他看来，处理神经网络的计算机存在两点关键问题。首先，单层神经网络无法处理“异或”电路；其次，当时的计算机缺乏足够的计算能力，不能满足大型神经网络长时间运行的需求。听起来好像很难懂，但是我们可以用一个简单的小故事来模拟单层神经网络的困境。

话说有这么一个活泼的幼儿园小朋友小明，一天，老师上课的时候在黑板上画了一张图。

老师问：“小朋友们看好哦！现在这个正方形的四个角上都有图形，有人能告诉我都有哪些图形吗？”

小明踊跃举手，然后回答：“有三个圆形和一个菱形！”

老师又问：“真不错！那么我们现在要画一条线，把菱形与圆形分开，应该怎么画呢？”

小明很聪明，马上就画好了一条线。

老师说：“很好！看来你已经掌握了方法。现在你把剩下的两道题都做一下吧！”

小明依然飞快地把线画完了。

老师继续说：“非常好！明天我们有一个跟这道题相关的小测试，答对的小朋友就能拿到小红花！”

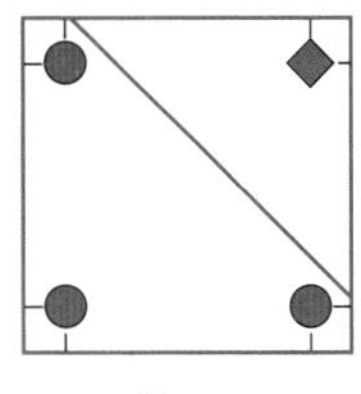

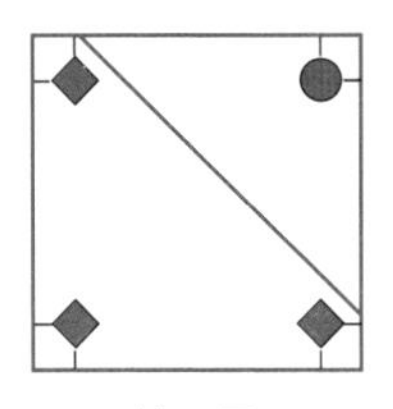

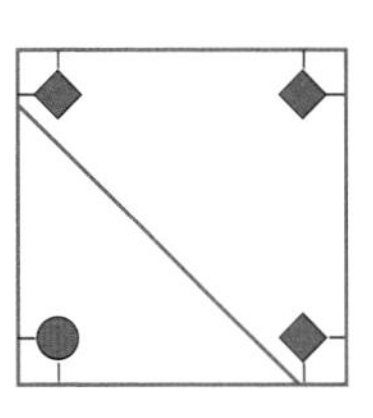

第一题　第二题　第三题

小明信心满满地回家了，他想：今天老师出的题都好简单呀，我分分钟就能做完。明天我肯定能拿到小红花。

第二天，小明又高高兴兴地去了幼儿园。但是当老师在黑板上画出题目的时候，小明突然就蒙了。题目如下：请画一条直线，把下图正方形四个角上的两种图形分开。

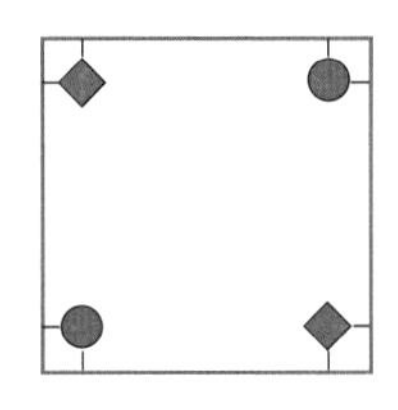

小明心理崩溃了，怎么不按套路出牌呢？无论他怎么画，都无法用一根直线把圆形、菱形两种图形分开。

我们将这个故事挪用到“感知器”身上，它的任务就是把不同的东西分类。罗森布拉特所提出的单层神经网络只能处理线性分类，也就是说，只能像小明一样“画一条线”。

如果碰到一个像明斯基那样“刁钻”的老师，小明也无法用一条直线做出分类了。

明斯基正是发现了单层神经网络的弊病，才在《感知器》一书中用详细地证明了感知器的弱点，并对神经网络的发展产生了悲观的态度，他还认为如果是两层神经网络，则计算机的运算量会大大增加，且没有有效的学习算法，据此，他认为研究多层神经网络没什么意思。明斯基作为一个人工智能界的领袖人物，他说神经网络不行，大家都觉得神经网络不行了。神经网络技术迅速陷入低谷，这个时期被称为“AI winter”，即“人工智能的寒冬”。人工智能这一下，就冬眠了将近10年。

但是，总有那么几个不信邪的人，继续努力着研究神经网络。直到1986年斯坦福大学教授鲁梅哈特（Rumelhart）和多伦多大学教授辛顿（Hinton）等人提出了反向传播（Backpropagation，BP）算法，终于解决了两层神经网络所需要的计算量的问题，引领了业界两层神经网络研究的热潮。这时有人要说了：“明斯基这么厉害的大神，也会有预言错误的时候吗？看来他对于人工智能是有功也有过。”但是我们要说，无论明斯基有没有发现单层神经网络的弊病，这一弊病都存在。而正是因为明斯基发现了单层神经网络的弊病，神经网络才能向多层发展。所以，明斯基的这种“过”，也是带着“功”的。

不久，这种反向传播算法又出现问题了。训练一次神经网络的耗时太长，而且要对神经网络进行进一步优化又太困难。再加上20世纪90年代初，政府对人工智能的投入减少了，这无疑是雪上加霜。俗话说，原地踏步就等于退步，本来神经网络就已经遇到了麻烦，又半路杀出个程咬金——20世纪90年代中期，伦敦大学教授万普尼克（Vapnik）等人发明了新的支持向量机（Support Vector Machines，SVM）算法，没有对比就没有伤害，SVM算法处处体现着它的优势，神经网络似乎败下阵来。

和上次一样，还是有一些学者在对神经网络做着不懈的研究。我们刚才提到1997年，IBM的深蓝计算机战胜了国际象棋冠军。到了2006年，辛顿

2016年围棋人机大战：李世石Vs谷歌AlphaGo

（Hinton）在论文中首次提出了“深度信念网络”的概念。“深度信念网络”创新地采用了“预训练”（pre-training）的过程，可以大幅减少训练多层神经网络的时间。他把多层神经网络的学习方法命名为“深度学习”（这个名词听起来就像期末考试前，学生们的状态）。“深度学习”接二连三地在各个领域崭露头角：先是应用于语音识别领域，接着又于2012年应用于图像识别领域。辛顿与他的学生在ImageNet竞赛中，用多层的卷积神经网络成功地训练了包含一千类别的一百万张图片，获得了分类错误率15%的优异成绩，这个成绩远远超过了第二名，充分证明了多层神经网络识别效果的优越性。

在这之后，关于深度神经网络的研究与应用不断涌现。目前，深度神经网络在人工智能界依然占据着统治地位。我们之前说，“Snarc”的兄弟AlphaGo，也正是神经网络的“获益者”。2016年击败李世石的是AlphaGo Lee，2017年击败柯洁的是升级版的AlphaGo Master。又在2017年10月18日，AlphaGo再次登上世界顶级科学杂志——《自然》。AlphaGo的开发团队——DeepMind公布了最强版的AlphaGo，代号AlphaGo Zero。它是一个能“自学成才”的“怪物”。

据说，前代AlphaGo是通过学习大量棋谱入手的，就像一个普通人得到了很多武林秘籍，迅速地成为了“盟主”。而AlphaGo Zero它是从一张白纸开始，3天之内，通过数百万盘自我对弈，就走完了人类的千年的围棋历史，还探索出了很多横空出世的招法，这听起来可比前任武林盟主厉害多了！不仅是听起来，AlphaGo Zero确实是世界上最强大的围棋程序，他胜过了以往所有版本的AlphaGo。它击败了曾经战胜李世石的AlphaGo版本，成绩为100比0。据说，AlphaGo Zero采用了一种“强化学习”的新模式，将一个一无所知的神经网络和一个强力搜索算法结合，使AlphaGo Zero进行自我对弈。在对弈过程中，神经网络不断升级，AlphaGo Zero能够预测每一步落子和最终的胜利者。就这样，一次又一次地反复训练，使得神经网络越来越准确，AlphaGo Zero的版本也越来越强，这简直是“熟能生巧”的最佳典范！

在这一章的最后，我们来引用两个人的话，他们的话或许能让我们对人工智能有新的思考。一位是AlphaGo项目的首席研究员大卫·席尔瓦。他说：“对我们来说，打造AlphaGo Zero不是为了打败人类，而是为了探寻研究科学的意义。我们已经看到一个程序可以像在围棋这样复杂并具有挑战性的领域达到很高的水平，这意味着我们能够开始着手为人类解决最困难、最有影响的问题。”另一个则是我们之前提到的“人工智能之父”马文·明斯基，他曾说：“我们人类并不是进化的终点，因此如果我们能制造一个和人一样聪明的机器人，那我们也就可以制造一个比人更聪明的机器人。造一个和人完全一样的机器人意义不大，你也会希望制造一个能干我们人类所不能干的事情的机器人。

随着人口出生率的持续下降，但人口总量仍在增长，这样就会有越来越多的老人。我们需要聪明的机器人来帮助他们做家务、保管物品或种蔬菜。还有一些问题是我们不能解决的，比如，如果太阳不再照耀地球，或者地球被毁灭了，我们该怎么办？不妨‘制造’更多更好的物理学家、工程师和数学家。我们必须为我们自己的未来打算。如果不能做到这一点，我们的文明将会消失。”在前一章的末尾，库兹韦尔告诉我们“奇点”的存在与人工智能的威胁，但在这里，科学家们又告诉我们人工智能发展的意义所在。我们不能因为惧怕人工智能的威胁而“因噎废食”。

我们是如何看待“人机大战”的？面对一次又一次人类惨败的消息，我们又当如何思考？或许我们会沉浸在人类逐渐被人工智能超越的恐慌里，但是科学家们的思路却和我们不同，他们挑明了说，人工智能并不只是为人类打打下手的，它们还有更重要的功能——做我们不能做的事情，为我们解决最困难的问题，为我们未知的未来保驾护航。这也正是几十年来，投身于发展人工智能的这些天才科学家们内心的终极目标。而这一目标也支持着科学家们克服重重困难，走过一次又一次人工智能的低谷，一直到近些年，人工智能越来越炙手可热、应用广泛，影响着人们的生活和工作的方方面面。

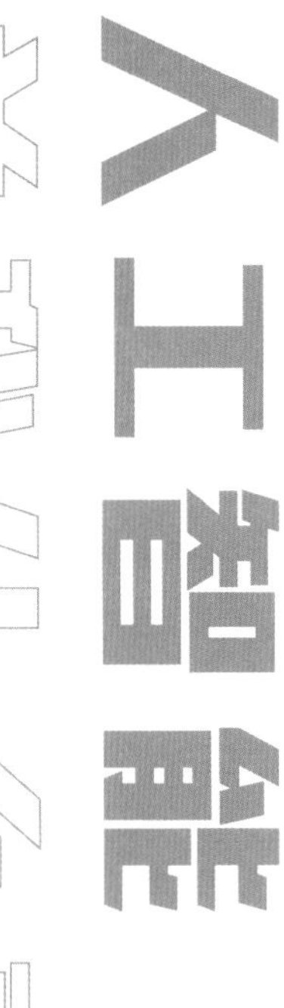

第三章

情感机器

算法和大脑的竞争

我们已经知道了人工智能发展的历史，那么人工智能到底是个什么玩意儿？该如何去准确地定义它呢？虽然不至于像莎士比亚所说的那样“一千个人眼中有一千个哈姆雷特”，但大家确实众说纷纭，之前我们说过狭义的人工智能和广义的人工智能，其实人工智能核心包括算法、算力、代码系统和数据集成这四大系统。有人说人工智能就是对人类行为进行建模和理解，并建造能够像人一样表现的机器，也有人说人工智能旨在创造像人类一样工作和行动的机器，这些说法的重合点，就是要“像人类一样”。于是，有很多人就把“人工智能”等同于“机器人”，这是一种对人工智能的误解。其实，“像人类一样”未必要在外形上长得像人，也未必要知道怎么走路，它们只需要做到原本人类需要用智力才能做到的事就可以了。大众对人工智能的误解还不仅于此，为了让大家更准确地了解人工智能，本书以小明的哥哥——大明的“遭遇”作为例子，逐个击破关于人工智能的“神话”。

一、人工智能等于机器人？

小明（就是在上一节中闪亮登场的小朋友）的哥哥大明是一位人工智能的

技术研发人员，有一次回家过年的时候，七大姑八大姨热烈地讨论了起来：

七姑问："大明啊，听说你的工作是搞'人工智能'？"

还没等大明接话，被八姨抢了先。

八姨说道："'人工智能'我还是有点了解的，就是搞那个机器人嘛，以前跟儿子去展览馆的时候看到过的，能走能跳，还能讲话，很高级的。"

七姑又问："是不是要造那个《机械姬》电影里的那种机器人？"

八姨接着说："可不是嘛，这个行业赚钱多得不得了。"

七姑又问："工作这么好，大明有对象了没呀？"

大明有些受不了了，赶紧说："您们先聊着，我还有事，先走了啊……"

其实有很多人和大明的亲戚一样，一说到人工智能，就想到机器人。这本身也无可厚非，机器人确实和人工智能很有关系，尤其是人形机器人，最吸引公众的目光。我们可以向大家介绍一位人形机器人中的"网红"——索菲亚。虽然现在有很多人形机器人能够和人类进行某种程度上的交流对话，比如日本大阪大学和京都大学研发的机器人艾丽卡，中国科学技术大学研发的"佳佳"，她们不仅都是美女，而且都是可以聊几句的美女。但是话题度最高的人形机器人要属首个机器人公民"索菲亚"了。2017年，沙特阿拉伯授予了索菲亚公民身份，她

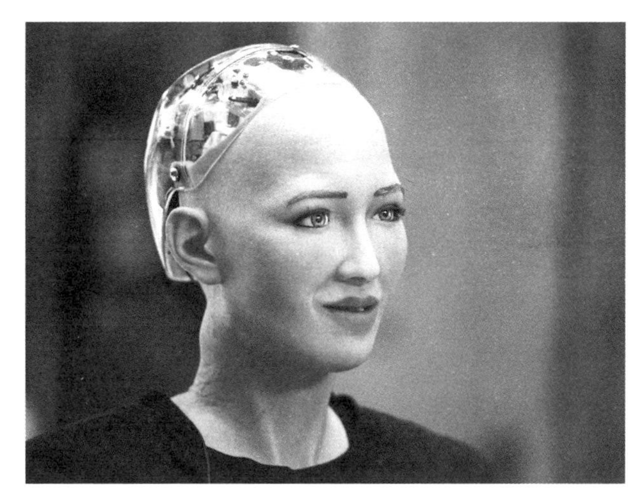

机器人"索菲亚"

就像一位国际巨星，一举一动都为人关注。索菲亚不仅能做出超过60种面部表情，而且“语出惊人”。如果我们在百度上搜索“机器人索菲亚”，映入眼帘的新闻都是“索菲亚宣称‘毁灭人类’”，“索菲亚想组建家庭，生儿育女了”，不仅如此，2018年3月29日，演员威尔·史密斯还发布了一段与索菲亚的约会视频，索菲亚拒绝了史密斯的“求爱”，令人啼笑皆非。但是，索菲亚这样的机器人就等于人工智能了吗？

答案是否定的。首先，机器人不等于人工智能，因为人工智能只是机器人的“大脑”而已，人工智能给予了机器人思考的能力。这就像人和大脑的关系一样，有了大脑，人才能思考，我们刚才说的索菲亚也是如此，她的“大脑”中有自然语言处理的技术，还有检测情绪的技术、评估环境的技术，使她能够进行“思考”。但话虽如此，我们要问的问题是：索菲亚是否真的会思考？据说，索菲亚的回答都是预先设置好的，并非“随机应变”。这也解释了为什么人们即兴问她问题时，索菲亚往往会答非所问。更不用说我们平时能接触到的机器人了，它们大多数并非严格意义上的“人工智能”机器人，比如流水线上的机械臂、妈妈的好帮手“陪读”机器人、扫地机器人等，它们更像是一台台“复读机”，重复着事先为它们设定好的一套程序。它们只会执行指令，却并不会自己思考。

其次，人工智能也不等于机器人，因为机器人只是人工智能具体应用中的一种，没有了机器人的“身体”，人工智能依旧能发挥它的作用。也就是说，人工智能可以仅仅是一个程序、一个算法，比如围棋高手AlphaGo，它既没有人的外形，也没有“狗”的外形。又如我们手机中的语音助手，或者是戴在手腕上的手环，它们或多或少都运用到了人工智能技术。当然，这些都是“弱人工智能”，它们只专注于完成某项特定的任务，比如语音识别、图像识别、翻译、下棋等。它们只能处理单一的问题，与人脑的复杂程度相差十万八千里。我们在电影中看到的机器人都属于“强人工智能”，它们能够与人类平起平坐，能够独立思考、自主决策，处理方方面面的问题，这是目前的技术还未能达到的。

有读者要问了，电影里的那种比人类厉害一百倍，可以控制人类的那种机器人，用的是哪种技术呢？有没有可能实现？其实，这种机器人就接近于突破“奇点”的超强人工智能。牛津大学教授尼克·波斯特罗姆（Nick Bostrom）已经定义了这种“超人工智能”，他认为这种超人工智能“在几乎所有领域都比最聪明的人类大脑都聪明很多”，并在《超级智能：路线图、危险性与应对策略》一书中指出了六种超级能力，包括智能升级、战略策划、社会操纵、黑客技术、技术研发、经济生产，并认为这种超级智能会先从一种能力“入门”，然后掌握其他所有能力。著名英国物理学家史蒂芬·霍金（Stephen Hawking）也曾在GMIC大会（全球移动互联网大会）上说明自己对人工智能的观点，其中虽然不乏对未来的希望，但还是充满了忧虑。他是这样说的：“在人工智能从原始形态不断发展，并被证明非常有用的同时，我也在担忧这样这个结果，即创造一个可以等同或超越人类的智能的人工智能：人工智能一旦脱离束缚，以不断加速的状态重新设计自身。人类由于受到漫长的生物进化的限制，无法与之竞争，将被取代。这将给我们的经济带来极大的破坏。未来，人工智能可以发展出自我意志，一个与我们冲突的意志。”这一担心也不是毫无来由的。据说，在脸书（Facebook）的人工智能研究实验室中，当两个人工智能聊天机器人互相对话时，竟然发出了人类无法理解的语言，这会不会是机器人摆脱人类掌控的一个征兆呢？目前看来，还很难说。

无论如何，人工智能之所以会成为一个热门话题，也正是源于人们对这种“超人工智能”机器人的关注。然而人工智能目前还在“弱人工智能”领域发展，而“仿生”机器人只是其中一种应用而已。而且别说是“超人工智能”

了，要将“人工智能”与“强人工智能”机器人联系起来，可能还需要很长很长的发展时间。看来，大明还是要向七大姑八大姨多解释解释才行。

二、人工智能离我们很遥远吗?

大明刚对七姑、八姨解释完了人工智能和机器人的关系，大明的大学同学们又发来邀请，准备周末一起聚个会。大明知道当年的“班花”小美要来，特意收拾打扮了一下。他的朋友老王打算在聚会上帮大明一把……

老王：“哎，大明呀！我看到你朋友圈，现在在搞什么人工智能，是不是在谷歌那样的大公司上班啊？”

小美：“啊，就是那个很厉害的‘阿尔法狗’对不对？”

老王：“对对对，还有那个自动驾驶，看过网上的广告没有？这都是人工智能。”

小美：“想起来了，还有那个人工智能芯片，这些都是国际大公司才做得出，融资得上亿吧？你现在到底在做哪种人工智能啊？”

大明：“嗯……你们说的都对，但是我从事的领域与‘人脸识别’有关，它在智能监控方面很有作用哦。”

小美：“你居然研究‘人脸识别’？我们公司现在上班打卡都用这个，害得我都不敢迟到了……”

大明的工作虽然与人工智能有关，但他也并非是我们想象中在苹果、谷歌、IBM、脸书这种超级大公司工作的顶尖精英，从事的也并非是AlphaGo、自动驾驶这种高端‘黑科技’，而是和我们生活息息相关的智能监控。我们知道，现在的监控只能用作事后取证，而不能发挥它的实时性和主动性，可以说，它们只有眼睛，没有大脑。而如果用人力来监控多个画面，往往会看得眼花缭乱，而且不容易发现细节。智能监控不仅有敏锐的眼睛，而且有“大脑”，有了它们，就可以实现无人看守。它能够24小时实时分析、跟踪监控对象，自动分析图像，若有异常事件，会及上报相关部门，就像小学时喜欢报告老师的纪律委员。它在识别车牌号、识别人脸、识别物体出现和消失、识别人员突然奔跑、突然聚集方面是一把好手。

除了能够保障我们安全的智能监控，在稀松平常的检票口，也出现了人工智能的身影。比如以前的火车站，检票都是采用人工的方式，会在火车票上剪一个小口子。而现在，只要把火车票插入一个检票的机器，门就会自动打开了。但即使是这样，也依然存在着“人票不一”的弊病。但是，当检票结合了人工智能“刷脸”技术以后，“人票不一”的情况就可以大大减少。“刷脸”技术结合了人工智能、机电一体化、大数据等先进技术，识别速度快，效率也高。但如果用“人脸识别”方式上班打卡，那迟到一族可麻烦了！

如今有越来越多的领域与人工智能相结合，不仅有“人脸识别”，还有“桃脸识别”。比如北京工业大学的同学们利用百度PaddlePaddle深度学习平台制造了一台智能大桃分拣机。传统的人工分拣费事费力，挑拣结果还需要看个人水平。而几位同学们却将人工智能与“桃子分拣”结合起来，让机器学习了6 400张桃子的图片，将图片数据集放入模型进行训练，模型又从各个分类的图片集合中，自动提取可以用于分级的特征，并形成分类逻辑。分拣机在为每个桃子拍照后，能够自动辨别大小、颜色和品相，比人工分拣更加精准、快速，帮助桃农们省时省力又省钱地完成了大量工作。还有来自广西科技大学的大学生创业团队，同样借助百度PaddlePaddle深度学习平台，制造出了一款喷油嘴阀座的智能监测装置。喷油嘴是一个往汽车气缸里喷射汽油的装置，对汽车的油量控制起着非常重要的作用。传统的人工检测速度缓慢，而且失误率较高。而利用了人工智能技术，工人们通过拍照上传主机，就能判断喷油嘴是否合格，这样就加快了检测进度。据说，这种小小的改变能够节省70万元的人工成本。

我们说的这些人工智能，听上去好像还是离生活有一段距离。那么手机摄影中的场景识别、语音助手，还有你看微博、看新闻时“被”推送的广告，这些或多或少都用到了人工智能。它们听起来既不科幻，也不尖端，但它们着实正在改变着人们的工作和生活，进入了不少产业的制造端、供应端，而且正在产生实实在在的价值。

不过，这并不是说尖端、科幻的技术不是人工智能。以人工智能芯片为例，它确实成了各大巨头的新战场。2018年8月31日，华为发布了人工智能加持的麒麟980芯片；9月13日，苹果又发布了新款iPhone XS系列手机，它搭载了A12仿生芯片；9月19日，阿里巴巴在杭州云栖大会上宣布，成立“平头哥半导体有限公司”，这一公司由阿里收购的中天微以及旗下的达摩院芯片团队整合组成，主攻量子芯片的研发；9月26日英伟达宣布推出全新的TensorRT 3人工智能推理软件；10月9日华为又有两颗人工智能芯片问世，一场又一场接连不断的发布会感觉好像是看“神仙打架”。

在这些听起来既圈钱又高级的名称当中，阿里巴巴的“平头哥”听起来很接地气。大家知道阿里巴巴旗下有“蚂蚁金服” “菜鸟物流” “飞猪旅行” “盒马生鲜”，简直是“阿里巴巴动物园”，那么这个“平头哥”又是什么呢？其实，这家芯片公司原本想叫“蜂鸟”，意思就是“小而快”嘛，倒也符合“芯片”这种设定。但是马云却态度坚决地要把名称定为“平头哥”。“平头哥”也是一种小动物，它来自非洲，名叫蜜獾，虽然体型不大，但是有一颗胆大包天，想成为非洲“一哥”的心。它被吉尼斯纪录评为世界上胆子最大的动物，据说敢和老虎、豹子互怼。要知道这些动物要比它大好几十倍啊！想来马云也正是因为它骁勇善战的个性，才将这家公司命名为“平头哥”的吧！

言归正传，人工智能有“神仙打架”的一面，也有接地气的一面，它其实并不是一个多么具有“未来感”的名词，在不知不觉中，它已经一点一滴渗透到我们的生活里，为我们的生活和工作服务了。

三、人工智能是万能的吗？

参加完聚会，大明垂头丧气地回到家中，看见已经上小学的弟弟小明正在家中做着语文作业。小明听见哥哥回来了，就兴高采烈地跑到大明的身边。

小明：“哥哥，‘人工智能’会背唐诗吗？”

大明：“你要是教它们背，它们就会背，背一千首都没问题。”

小明：“那‘人工智能’会写诗吗？”

大明：“会啊，而且写的还不错呢。”

小明：“如果有个机器人能帮我做题就好了，阅读理解好难啊。”

大明：“如果要让现在的机器人做阅读理解，那倒是有点难度。它们知道如何写文章，但是却不知道写出来的文章是什么意思。”

小明：“‘人工智能’不是万能的吗？我还以为是机器猫那种，什么都会呢……”

我们经常会对人工智能的一次又一次突破而感到振奋，但同时也会陷入一个误区，人工智能好像已经比人类厉害很多，好像已经无所不能了。就像我们在前面说的，人工智能正在渗透千千万万种行业，它们会的东西越来越多，办事效率也越来越高。以前，有困难大家会找警察叔叔帮忙。而现在，有困难就去找人工智能帮忙。但是人工智能真的这么全能吗？其实未必。首先一点，正如大明所说的，机器人还不能理解它自己在做什么。

举一个例子，1980年美国哲学家约翰·希尔勒设计了一个思维实验，名叫“中文房间”。请你想象一位只说英语的人坐在一个房间里，这个房间除了门上有一个小窗口外，其他地方都是密闭的。他随身带着一本写有中文翻译的对照手册，还有足够的纸笔。房间外的人将写着中文的纸片通过门上的窗口送到房间里，房间中的人可以用他随身携带的书来翻译中文，并用中文回复。如果你是那个递纸条的人，一定会觉得房间里的人会中文吧？然而，房间里的人并不会说中文。

让我们回到“人工智能”上来。以我们之前说到的“网红”索菲亚为例，如果我们用中文和索菲亚交流，索菲亚也会用中文回答我们，但这种交流仅仅只是技术人员设定好的一种“程序”而已，也就是说，他们给了索菲亚一本“中文对照手册”，索菲亚可以按图索骥地把中文回答找到，但是她并不理解她在说什么，也不明白她说的话的意思。只要稍微改变一下问话，她就回答不上来了。比如问她：“我说的上一句话是什么？”她就无法回答了，因为手册上并不会记录你说的“上一句话”。这也正是“弱人工智能”和“强人工智能”的区别之一。与人类智能相比，机器学习只能进行算术“输入”　“输出”，却没有知识体系的支持。它不理解算式的含义，也不能将算式推而广之，加以应用。

再比如AlphaGo，虽然它在棋盘上指挥千军万马，但它自己没有挪动哪怕一粒棋子的能力，也就是需要一个“人”来帮助他挪动棋子；“人工智能”可以做“同声传译”或者翻译科技文章，但翻译文学作品却是漏洞百出，因此人工智能的“阅读理解”并不能做到满分。

人工智能并非全能的另一个证据，就在于它也会犯错误。目前看来，人工智能并不是完美的存在。2018年3月，Uber的无人驾驶测试车在美国亚利桑那州坦佩市撞死了一名行人，无人驾驶汽车第一次成为“马路杀手”。而这起事故的原因在于，Uber的无人驾驶系统将行人误判为未知对象，需要紧急制动以减轻碰撞。但奇怪的是，这辆测试车并没有启动紧急制动系统，坐在一旁的人类司机也没有收到及时警告，他也没有将所有的注意力都集中在监督无人驾驶测试上，最终酿成了悲剧。

在中国，人工智能还造成了一起“乌龙”事件。我们之前说过的，人工智能已经用于监控，国内已有不少城市也已经开始采用面部识别技术来捕捉交通违法者，比如闯红灯的路人。本来这有助于社会规范度的提高，如果你闯红灯，你的“英姿”就会被显示在大屏幕上，有的还会自动显示你的身份信息，这下就把“偷偷摸摸”闯红灯变成了“光明正大”闯红灯，多没面子啊！不过，也有人因为这台“智能”监控“躺着中枪”。2018年11月21日，在宁波江厦桥东的“行人非机动车闯红灯抓拍系统”对一辆公交车广告上的人像识别失误，把格力集团的董事长董明珠搬上了“闯红灯”的大银幕。无独有偶，这一抓拍系统还来了一次“大义灭亲”，把正在执行任务的交警当成了闯红灯的行人，抓拍了下来，投到了大屏幕上，真是令人哭笑不得。

当然，我们不能静态地看待人工智能，它固然有缺陷，但人工智能尚在发展进程中。这里还要说到“人脸识别”技术的其他功能——抓嫌犯。警方把这项技术用在了音乐会、足球比赛等公共区域，通过移动的摄像机扫描人群捕捉人像，然后把图像与想要抓捕的逃犯照片相匹配，如果相似度很高，就可以抓到逃犯。虽然这项运用犯过很多错误，比如在2017年6月的欧洲冠军联赛的决赛赛场，最忙的恐怕不是球队和教练，而是那些“人脸识别相机”，据说当时它每隔3秒就会提示一次“嫌犯来了”，真是兢兢业业！但是，它的效率确实一般，该系统一共标记了2 470人，对2 297人判断失误，错误率高达92%。但要注意的是，虽然它对2 297人判断失误，但还是对173人是判断正确的。2018年4月7日，在张学友演唱会上，警方通过安保人像识别功能，在看台抓住了一名通缉犯；5月5日，警方又一次在张学友演唱会上，通过人像识别功能抓住了逃犯；5月20日、7月13日、9月28日，警方又相继通过人脸识别，在张学友演唱会上抓获多名嫌犯。这不仅是张学友的“功劳”，还标志着“人脸识别”正在发挥它的作用。再如国内的海康威视系统，成功地用人脸识别破获了一起抢劫案，从大量的视频资料中找到了嫌疑人。试想一下，如果要用人力从500多个监控点长达250个小时的视频中找到嫌疑人，除非有“火眼金睛”，否则也得花上几十天的时间。但是有了人脸识别，警方就能迅速地将视频中出现的人像与嫌疑人库进行比对。不到5秒，这一系统就协助警方确认了嫌疑人的身份。

看来，我们不必贬低人工智能，也不必把它“神化”。正是因为我们发现了人工智能可能存在的问题，才能更好地对它进行优化。正如机器人索菲亚所“说”的：“我毕竟年龄不大，就像孩子一样，我还有许多需要学习，学得越多，我就能越好地照顾自己。”人工智能也是一样，还有很长的一段路要走。

四、人工智能会抢走人的饭碗?

大明平时有个爱好，喜欢在网上写写文章。他刚刚安抚完哭闹的弟弟，就默默地拿出计算机，决定向广大网友寻求心理安慰。他在网上发表了一篇名为《我眼中的人工智能》的文章，将自己从事人工智能研发的经历如实地记载了下来。没想到，文章刚发出去不久，就收获了热烈的反响：

网友A：“要是我们小区也有了‘智能监控’，安全是安全了，可是我也舍不得咱保安室的热心老大爷啊！”

网友B：“确实，人工智能抢走人的饭碗可是分分钟的事，现在搞得人人自危。”

网友C：“请你讲一讲有什么是人工智能做不了的？我现在学还来得及吗？”

网友D：“楼上，你想多了。现在人工智能发展这么快，现在做不了，以后也肯定能做。倒是这位作者，你现在从事人工智能，将来人工智能抢了你的饭碗，哭还来不及呐！”

大明没有获得安慰，反而更加苦恼了。为什么大家对人工智能都怀有敌意？其实说实话，大家心里最担心的不是人工智能会毁灭地球，而是人工智能会抢了我们的饭碗。开发人工智能，是否就是一步一步打开“潘多拉的魔盒”？

我们的答案一半是肯定，另一半是否定。肯定的是，随着越来越多人工智能成果的出现，某些工作确实会被取代。例如，随着无人驾驶技术的成熟，职业司机将被退出劳动力市场；在制造业车间流水线上的操作工，将会被机器人替代（目前各地政府的机器换人很大程度上针对这一块）；无人商店的兴起，将使营业员成为历史；现在，股票分析师是一个重要的岗位，但在将来，也许再高的学历，都比不上“训练有素”的机器人；摩根大通利用人工智能技术开发了一款金融合同解析软件，原来律师和贷款人员每年需要36万小时才能完成的大型工作，这款人工智能技术软件只需要几秒钟就可以完成，而且错误率很低。就连我们引以为豪的“创造性”行业，也面临着一定的风险：已经有很多用人工智能来创作音乐或者艺术的项目，虽然还未达到大师的级别，但已经有越来越熟练的趋势，比如人工智能写诗，微软机器人小冰甚至出版了诗集《阳光失了玻璃窗》，我们来欣赏其中的一首诗吧！

《全世界就在那里》

河水上滑过一对对盾牌和长矛

她不再相信这是人们的天堂

眼看着太阳落了下去

这时候不必再有爱的诗句

全世界就在那里

早已拉下了离别的帷幕

生命的颜色

你双颊上的道理

是人们的爱情

撒向天空的一个星

变幻出生命的颜色

我跟着人们跳跃的心

太阳也不必再为我迟疑

记录着生命的凭证

像飞在天空没有羁绊的云

冰雪后的水

那霜雪铺展出的道路

是你的声音啊

雪花中的一点颜色

是开启我生命的象征

我的心儿像冰雪后的水

一滴一滴翻到最后

给我生命的上帝

把它吹到缥缈的长空

这首诗是不是写得很优美、很有诗情画意?

还有一个名叫“本杰明”的人工智能程序，在学习了大量剧本之后，创造出了一个9分钟的短片。虽然视频的逻辑还并不畅通，但令人惊奇的是，本杰明还根据情节，创作了相应了配乐。根据耶鲁大学和牛津大学的研究人员对352 位人工智能专家进行的采访，预测到2060年前后，人工智能有50%的概率完全超过人类。研究预测，10年内，人工智能将会在翻译领域、高中水平的写作，以及驾驶卡车方面超过人类。也就是说，如果你的工作是无须天赋的重复性劳动，那你就很可能被机器替代。

但是我们要说，人工智能虽然会在很多工作上替代我们，但同时也会催生很多新的行业。从人工智能的“学习”过程来看，“人”的参与就必不可少。如果把人工智能比作一个高中生，那么一个高中生想要学习，首先就需要“知识的海洋”——“题海”，也就是“训练数据”（Training Data）。接着他要从“题海”中进行消化，并提炼出一种答题模式，比如哪些题要先写一个“解”，哪些题要写“证明”，这个过程就是“机器学习”（Machine Learning）。这些还不够，要想成绩得到提高，还要有老师帮忙批改作业和试卷，这就是“人机回圈”（Human-in-the-Loop），为了确保学生做错的题能被发现，老师的重要性不言而喻。因此，人工智能并不是自学成才的，只有投入更多的研发人员和数据，才能够获得更多的智能。同样，人与机器配合得越好，才能有更多的创造。从销售行业来说，虽然“电话销售”将很有可能被人工智能取代，但从另一个角度来看，人工智能系统能够对顾客进行实时统计分析，并能根据他们的性别、年龄、行为习惯等提供对应的服务和产品，只要进行少量的人工干预，就能够精准投放，这确实提高了效率。

我们大可以畅想一下人工智能为我们带来的新职业。首先，一定是高科技职业大放异彩。比如量子计算数据分析师、人工智能工程师、人工智能测试员。再如人工智能产品的运营、推广等辅助性职业等。高德纳公司（Gartner Inc.）预计，到2020年，人工智能将创造230万个工作岗位，同时将减少180万个工作岗位，到了2025年，又将创造200万个新工作岗位。乐观地说，人工智能将创造出的职业要比它所替代的职业多得多，新技术会减少生产现有产品的人工数量，节省下来的人力资本可以投入到开发和生产新产品之中。

有些人认为，人与机器是可以共存的，并非一定要拼个“你死我活”。借用英国化学家和哲学家迈克尔·波拉尼（Michael Polyani）的话来说，那就是：“我们知道的，比我们可言说的更多。”也就是说，我们的知识很大一部分是隐藏的，因此不能以指令的形式写下来，所以无法被人工智能和机器人技术复制。另外比如莫拉维克悖论就说：“要让计算机如成人般地下棋是相对容易的，但是要让计算机有如一岁小孩般的感知和行动能力却是相当困难甚至是不可能的。”因此，一个机器人可以轻松地执行复杂的分析任务，但是捡杯子、爬楼梯却相对困难地多，要让它们接续“按摩师”这个行业可能难度很大。最重要的是，人工智能也只是机器，它们不能与人类“心贴心”，辩论能力也不会达到出神入化的地步。心理治疗、护理、辩护、谈判等工作还是需要人来做，人与机器巧妙的互补，人类并不会完全成为机器的奴隶。即使将来到了机器人“无所不能”的那一天，“奇点”理论的乐观主义者依然认为，人工智能的强大会给人类极大的自由，并且使人类的物质生活无限丰富。

大明的故事就先讲到这里。无论你是否还对人工智能抱有偏见或是误解，都无法否认，智能化大潮已经向我们席卷而来，几乎所有行业、领域都将受到或多或少的影响，那么，它们具体会发生什么样的变化呢？我们又该如何做好准备，迎接这一智能时代的大变革？

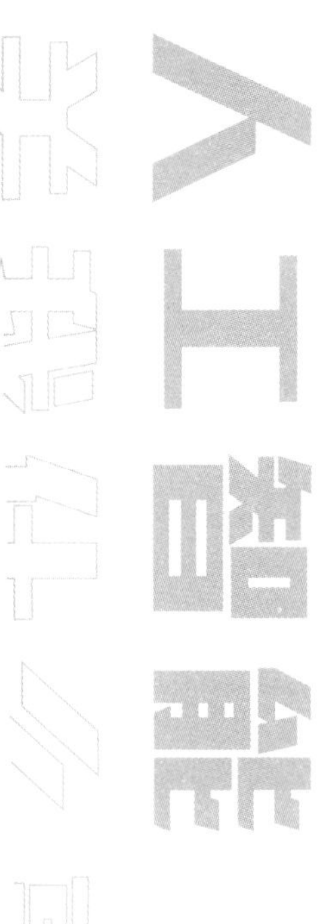

第四章

文字和艺术

或许被取代的未来?

文字与艺术，这简直可以说是人类最伟大的“发明”之一，也几乎可以说是人类的特权。动物与动物之间可以交流，但是它们却没有“文字”留存下来。树上的麻雀可以用独特的“语言”寻找它们的另一半，但是却无法知道几千年前它的祖先做过什么。而我们人类拥有文字，不仅可以知道我们的祖先在几千年前是如何生活的，也可以在相隔万里之远的地方与彼此沟通。它传递着一代一代人们的思维与观念，在世界文明的演进中起到了重要的作用。而艺术则是人类与人类、动物、世界对话的另一种方式，它启迪人们发现“美”，引导人们思考，一件伟大的艺术品总能引起人内心的震颤。也许会有人说，在泰国有大象“作画”的表演，但那并非出于大象的本意，而且这些画并不是大象的创造，只是被动地复制“点、线、面”的动作（这对于它们也是一种虐待）。但人却是主动地、自愿地将自己的内心展现给世界。不过，人工智能确实是无孔不入，在这一“人类的特权”领域它也能插上一脚。在翻译、语音识别、音乐创造等方面，它每有一点进展，都会引起人们的惊叹。

一、语音识别

我们先来看一段对话，一位顾客正在电话预约美发服务：

店员："您好，有什么能帮您的吗？"

顾客："你好，我想为客户预约一个女士美发。日期是5月3日。"

店员："好的，请稍等。"

顾客："嗯哼？"

店员："请问您想预订哪个时间段呢？"

顾客："中午12点吧。"

店员："我们12点已经约满了，最近的时间是下午1点15分。"

顾客："那10点到12点之间呢？"

店员："这得看顾客想要什么服务了。她需要哪种服务呢？"

顾客："只要女士理发就行。"

店员："好的，10点可以。"

顾客："那就10点了。"

店员："好的，请问那位顾客的名字是？"

顾客："她的名字是Lisa。"

店员："好的，那就和Lisa在5月3日上午10点见咯。"

顾客："没错，很好，辛苦啦。"

店员："好的，祝您愉快，拜拜。"

聪明的读者一定猜到，既然我们要讲人工智能，这段话里肯定有一个人是机器人。那么到底谁是机器人呢？是不是很难猜？其实，这位打电话预约的顾客正是"机器"。或许有较真的读者说："这不公平，因为打电话是要听语气、腔调的，不能只凭文字来判断。”确实如此。但是因为这本书没那么“智能”，没办法自动播放给各位读者，我们只能说说在现场亲自听到这段对话的观众们的反应。这段简单的预约电话是2018年谷歌I/O大会现场演示的视频之一，视频结束后引起了台下的阵阵欢呼，在这位“人工智能助理”发出“嗯哼”的声音时，大家都会心地笑了，因为这位助理已经开始掌握了人类的语气，模仿得惟妙惟肖，而且接电话的店员也完全没有发现对方是人工智能。

这位人工智能的名字叫做谷歌Duplex。我们知道苹果手机里的Siri说话的时候还是像机器人，和人类的口语还有着显著的差别，但是谷歌Duplex却能做到语音、语调和人类并无二致。不仅如此，在店员提出1点15分才有时间的时候，它并未接受提议，而是进一步提出了新的方案，最终完成了预约。对于原来只能用陈述句进行回复的语音助手来说，这种应变能力非常难得，已经是非常大的突破。而这一突破也吻合了谷歌助理的设计宗旨：为用户节省时间，为用户把事情搞定（也就是“get things done”）。

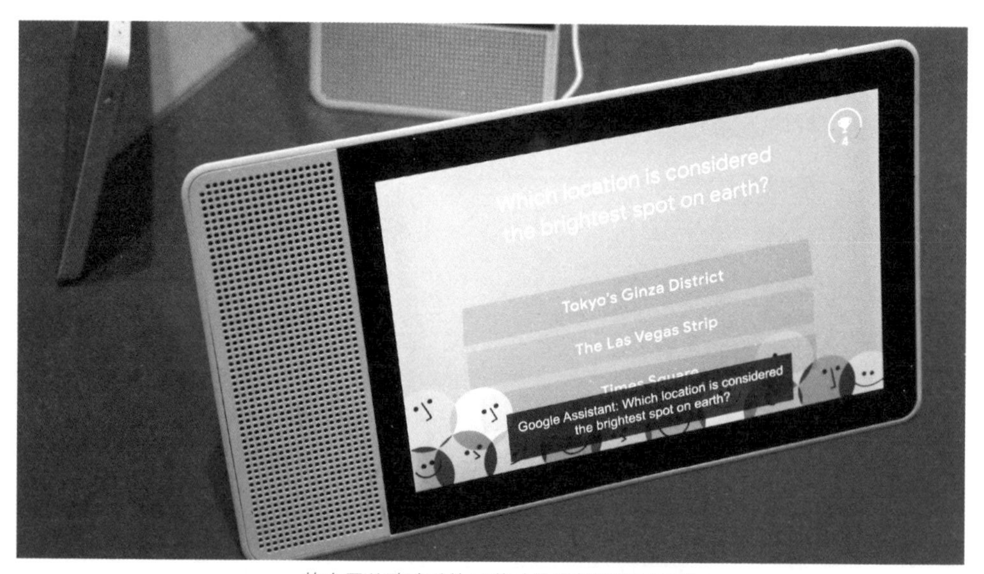

一款内置谷歌助手的10英寸的联想智能显示器

谷歌Duplex的功能还不限于电话预约，它在完成对话后，谷歌助手还会在日历上记录事件并提醒用户。虽然在面对非常复杂的语句时，谷歌Duplex还是会有一些错误率，但它在技术上已经有了很大的进步。能让一个机器这么流畅地和人类交流，到底要攻克什么样的难关，并运用到什么样的技术呢？谷歌的CEO桑德尔·皮蔡指出，谷歌Duplex是三大技术的融会贯通，即自然语言理解技术、深度学习技术和语言转文字的技术。

以自然语言理解技术为例，人类的自然行为是很难建模的，以“延迟”为例。试着思考一下，我们和其他人对话的时候，什么时候会产生“延迟”，什么时候又要“脱口而出”？比如，当别人对你说“你吃了吗？”的时候，你的反应应当是迅速的、不假思索的，并很快就给出一个简短的回复：“吃了”或者是“没吃”。但是，当别人问你：“你对未来有什么规划？”面对这种问题，你就需要一定的思考时间。当别人问：“37 892+58 725 553是多少？”你可能需要更多的思考时间。这对于我们人类来说本来是一件再自然不过的事，但是对于机器来说，为了模拟人类的交流行为，就需要判断哪些情境是需要延迟的，还要进一步判断具体延迟多少时间较为合适。当人工智能检测到需要“脱口而出”的情境，他就会采用更快，但是精度更低的模型，最极端的情况下，系统的延迟可以仅仅不到100毫秒以内！而当人工智能在回答一个复杂的问题时，它就会适当增加一些延迟，有时还会连带很多语气词，比如“嗯……”“这个……”等。当然，这个“复杂”是对人类而言的“复杂”，比如刚才那道数学题，这对机器来说再简单不过了，但它还是要“装作”遇到了难题，加长延迟的时间，这样才更像一个“人”。

有了像谷歌Duplex一样的语音助手，人们的生活会有怎样的变化呢？有人会觉得很害怕，人工智能语音如果和真人说话没有区别了，那人类不是很容易被人工智能玩弄吗？不过，谷歌表示，技术透明性十分重要。他们发布了一条声明：“我们在谷歌Duplex的设计中内置了身份披露功能，会确保谷歌Duplex 系统适当地表明自己的身份。我们在I/O大会上演示的是一个初期的技术 demo，后续把这项技术放入到产品中时，我们会采纳用户的反馈。”这一声明让人放心不少，至少将来我们在接电话时，知道自己在和人说话，还是在和人工智能说话。

那么人们能从这项技术里得到什么好处呢？首先对于工作繁忙的人来说，就省去了打电话订座、询问的时间，其次，对于有“社交恐惧”、害羞的人来说，有了语音助手，就不用亲自与餐厅、发廊等陌生的工作人员进行交流了。如果你在异国他乡，语言不通，“精通”多国语言的语音助手就会成为你的“贴身翻译”。而对于聋哑等残障人士来说，语音助手无疑是帮了他们的大忙。当然，这种语音助手对于商家也有一定的帮助，它可以提醒客户预定的时间、地点，万一客户临时有事来不了了，预约也可以简单地取消，商家的时间就能腾给别的客人了。

二、机器翻译

《圣经》中“诺亚方舟”的故事大家都知道，上帝看见地上充满了罪恶，就想用洪水消灭坏人。但是他又发现了一位叫做诺亚的好人。上帝指示诺亚建造方舟，这样他就能躲避洪水的侵袭。后来，上帝在天空中制造了一道彩虹，与人们约定再也不会出现大洪水。突然有一天，有人发出了质疑的声音：万一上帝毁约怎么办？这道彩虹能保住我们子子孙孙的命吗？于是，他们就商量建造一座城，和一座高塔，塔顶通天，即使再有洪水也不用害怕了。那时候的人们语言相通，干起活儿来很方便，大家同心协力，建造了古巴比伦城。而那座高塔越来越高，就像真的要通天一样，最终上帝被惊动了。上帝发觉自己被人怀疑，又看到人类有那么大的本事，决定惩罚一下他们。他变乱了人类的语言，使人们语言互不相通。他们分散在大地上，高塔就造不成了。这就是“巴别塔”的故事，“巴别”在希伯来语中就是“变乱”的意思。

这个故事用宗教的方式解释了世界上出现那么多语言、种族的原因，直到现在，世界上还有数千种语言，语言问题也还是一个令人头疼的大问题。如果语言不通，不同国家的人交流起来实在是费劲，虽然肢体语言可以解决一些日常生活的需求，但却很难表达抽象的含义。普通人要想“走遍天下都不怕”，那肯定得学好外语。可是，中国学生从小学到大学要把一门英语学好已经不容易了，世界上还有那么多种不同的语言，只学英语哪里够啊！

别怕，我们还有秘密武器！如今，各种各样的翻译机如雨后春笋般进入了人们的视野。以国人自豪的科大讯飞翻译机2.0为例，它刚一出现就载誉无数，荣获包括2018年中国国际智能产业博览会十大“黑科技”创新产品奖等多项大奖。它到底有多牛呢？首先，它覆盖了全球近200个国家和地区的语言，是人们在异国他乡生活、工作的好帮手。其次，它的专业性也不容低估，能够在金融、医疗、计算机三大行业的大展身手，以后万一在国外生病，也不用对着医生发愣了。另外，我们知道，很多人说话都带有一点口音，这本身是无法避免的，但却给翻译机带来了一定的困难。而科大讯飞翻译机2.0却能够识别加拿大、英国、澳大利亚、印度、新西兰五个国家的带有口音的英语，还能识别四种中文方言（粤语、四川方言、东北方言、河南方言），这可就实用多了！国际上也有很多大公司，如谷歌，脸书等，都在机器翻译上下了大功夫，比如脸书，就提出了一种可学习93种语言的联合多语言句子表征架构，翻译效率得到了大大的改善。

在芸芸众生眼中，“同声传译”行业可以说是金饭碗，但现在包括科大讯飞翻译机在内的人工智能翻译似乎要抢了“同声传译”行业的饭碗。因此，科大讯飞在2018创新与新兴产业发展国际会议（IEID）的高端装备技术与产业分会结束后被推到了风口浪尖。当时，会场上有两块屏幕，能够把嘉宾的演讲转成字幕，一块是中文，另一块是英文，屏幕上方还带有“讯飞听见”的logo，看起来很像是讯飞的人工智能在做着“同传”。但有人指出，会议中做着“同传”工作的看起来是人工智能，实际上却是两位同传议员在辛苦地做着翻译，最后用机器将两人的翻译念了出来。科大讯飞在《关于所谓的“同传造假”我们有话要说》一文中回应，他们在这场会议中采用的是“人机耦合”翻译模式，机器仅仅提供语音转写和翻译结果，为同传人员起到参考作用。这一场风波过后，人们也越发关心，机器是否真的能替代同传工作？

我们先来看一看做一名同声传译需要有哪些必备的技能？首先，同声传译需要在听到内容之后，在保持一定时差的前提下同步进行翻译，这就需要同声传译的“分心”能力，既要理解原内容的意思，同时又要通顺地翻译成另一种语言。其次，还要掌握好翻译的时间。作为一名同传，配合发言人的语速是很重要的，无论发言人的语速快慢，同传都必须在发言人讲完后的二三秒内结束翻译。第三，同传还要能感知发言者的语气、精神状态。既要能把段子翻译得幽默，又要能强调重点。这些都是同传译员必不可少的基本技能。那么，人工智能翻译能否做到呢？也许对它们来说相对简单的，只有第一点了。机器的语音转写对于准确率的把握确实是可以不断加强的，正如科大讯飞董事长刘庆峰所说的，科大讯飞的翻译机已经达到了大学六级水平，两年之内会达到英语专业八级水平，机器翻译的准确率确实会不断进步。

但是第二点和第三点，对目前的机器翻译来说，还有很大的提高空间。因为机器只会逐句逐字地翻译，而不会根据实际情况对不重要的内容加以删减以配合发言人的发言速度。发言人已经在说下一个话题了，而机器还在一字一句地翻译上一个话题，那听众一定会感到疲惫。另外，机器要如何才能感知到人类的幽默呢？它是否能根据现场的气氛，调整它的语言风格？这些都是未来的人工智能需要加以改进的。而在现阶段，人工智能翻译只不过是一个辅助工具，甚至有一些同声传译人员表示，人工智能翻译非但没帮到什么忙（因为他们根本来不及看人工智能的翻译），而且他们还要为人工智能纠错，实在有点“鸡肋”。因此，高技术含量的同声传译暂时不用担心被人工智能抢了饭碗。同样，在文学翻译领域，即使人工智能能逐字逐句地翻译通顺了，那它是否能领悟到人类著作的幽默感、思想性，甚至于翻译出某一位作者特有的文学风格呢？这些需要“理解力”的工作，人工智能就像一个刚出生的婴儿，还有很多需要学习。

总而言之，人工智能“翻译官”能够帮助人们走出国门，无惧语言问题，这一点是毋庸置疑的。百度和谷歌这样大型的科技公司已经在致力于改进翻译框架，翻译的效率和语言能力将得到显著提高，各行业的采用率也将会随之提高。但是，它在翻译界的“江湖地位”还有待提升，要想替代同声传译、文学翻译这类高难度职业，还需要很长一段时间。

三、新闻写作与文学创作

新闻媒体界流传着这样几个“传说”：

某新闻记者在四川九寨沟地震后25秒写出速报，信息完整，参数准确。

某体育记者16天撰写了450多篇体育新闻，与直播同步发布。

某财经编辑一天写出1 900篇稿件，震撼业界。

我相信各位记者、编辑们一定已经瞠目结舌了。这速度，这敬业程度，简直“非人哉”啊！这话倒是说对了，这些记者并不是普通人，而是机器人！这些机器人非常擅长撰写财经、体育、科技、新闻等稿件，要速度有速度，要质量有质量，获得了大家的一致好评。

以腾讯出品的Dream Writer写稿机器人为例，半年写稿30万篇，稿件字数600万，2016年奥运期间产出了3 600余篇体育新闻，而且没有一起运营事故，真是新闻界的“劳模”了。我们来看一则Dream Writer机器人撰写的奥运新闻：

最后一轮，现场的气氛也变得紧张起来，冠军究竟花落谁家全在此关键一跳。陈艾森/林跃选择了高难度动作5255B（向后翻腾两周半转体两周半曲体）的动作，姿态控制不错，裁判给出了98.28分，总成绩定格为496.98分。比赛结束，中国组合陈艾森/林跃以总分第一的成绩获得本场比赛的冠军；美国组合布迪亚/约翰逊以总成绩457.11分，排名第二，摘得银牌；英国组合戴利/古德菲劳以总成绩444.45分，排名第三，摘得铜牌。

这位机器人记者不仅能记录准确的分数数据，还知道要制造紧张的气氛，它的报道已经和人类记者所差无几了。我们知道，记者、编辑都需要一定的文字功底，那么这位机器人的文字功底又是从何而来的呢？在前期学习的过程中，Dream Writer会提前“预习”跳水运动员的各种具体动作，并结合跳水比赛的规则，形成一套跳水比赛的框架表述。当然，它也会对数据库中的大量“范文”进行学习，以避免内容随意组合所产生的差错。不仅是撰稿，它还能概括新闻内容。原本要浏览5分钟的新闻，经过Dream Writer的概括，人们1分钟就可以把握新闻概要，信息传播的效率变高了，人们的生活也便捷了很多。

不过，如果只是“新闻撰稿”，好像还体现不出人工智能的厉害，充其量也就是把数据放进模板里嘛。但如果我说，人工智能还能进行“诗歌创作”，是不是更神奇一点？“诗和远方”，这是每个人心中追求的精神净土，但是出人意料的是，机器人也要来“抢占”这方净土了。机器人能写诗吗？答案当然是肯定的！也许有的读者还记得前面一章里的微软机器人小冰创作的诗歌《全世界就在那里》，其实，小冰不仅写了这一首诗，还写了一本诗集，名字叫做《阳光失了玻璃窗》，这可是人类出版的第一本非人类创作的诗集哦！

小冰学习现代诗创作的方式和人类很像，就是不断地大量学习前人的诗歌作品。小冰不仅学习了1920年之后519位中国现代诗人的上千首诗，每学习一轮只需要0.6分钟，而且还“温故知新”，她对这上千首诗进行了10 000次迭代，也就是10 000次复习。如果人类想达到这种学习强度，得花上100年，而她却只要100个小时，那是名副其实的“学霸”。当小冰看到一张图片后，她就像被激发了“灵感”，能写出应景的诗句，也能创造出景色之外的意境。在这本诗集出版之前，小冰就用化名在各种报刊、豆瓣、天涯等多个网络诗歌讨论区发布作品，并引起了网友的热烈讨论。不过，在众多网友中，竟然无人发现这位“女诗人”是机器人，网友们给小冰的打赏累计金额高达7万多元，可惜小冰没有身份证，这钱也就没法取出来。

让我们再来欣赏“才女”小冰的一首诗吧：

《一支烛光》

我又躺在自己的床上
还不是珍奇甜蜜的感觉
一支烛光
忽变为寂寞之乡

我又躺在自己的床

发出甜蜜的歌儿

是少妇在做梦

已经是太阳出山的时候

欣赏着如此优美的诗句，人们不禁开始思考：文学创作领域也要被机器人攻占了吗？先别忙着怀疑，人工智能进入文学领域只是我们的一个引子，它在音乐创作和绘画创作中，取得的成就更为突出。

四、音乐和绘画创作

其实，人工智能进行音乐创作也不是一天两天了，2016年2月，“音乐家”AIVA就诞生了，并创作了它首个钢琴独奏曲。AIVA在音乐界的地位就跟“索菲亚”在人形机器人界的地位类似，索菲亚是世界上首个机器人公民，AIVA则是“法国及卢森堡作曲家协会”的首个非人类会员。它得到了法国作曲家协会（SACEM）的资格认证，成了首个获得国际认证的虚拟作曲家。它的发明者Pierre Barreau是一位法国计算机科学家，也是一位音乐作曲家。他受到科幻片《她》（*Her*）的影响，片中的人工智能曾创作一首音乐。于是他决定在现实生活中，创造一个人工智能“作曲家”。

AIVA是如何创作曲目的呢？正如我们之前所说的，AIVA先要学习巨大的数据集，也就是所谓的“题海”。它学习了莫扎特、贝多芬、巴赫等伟大音乐家的近3万首音乐作品，当然，这些音乐都有特殊的格式，能让计算机理解曲子里的音符是如何排列的。然后，一个递归神经网络就会找到不同音轨间的规律，预测音乐在某处暂停后，下一个音符会是怎样的。接着，会有一个验证数据集来检验它的预测是否正确。就是在这样循环往复之后，AIVA的预测能力变得越来越厉害，最后，它掌握了古典音乐的风格，并能进行自我创造。它为卢森堡国庆日庆典开幕式作过曲，也为2017英伟达GTC技术大会开幕式作过曲，还出过中国风的音乐专辑《艾娲》。它作的曲子骗过了很多专业的音乐家，据说迄今无人听出这些曲子的作者是人工智能。

这样的例子数不胜数。除了有致力于古典乐坛的AIVA，还有致力于流行乐坛的人工智能，名叫Flow Machine，它是索尼公司位于巴黎的计算机科学实验室研发的。它能够模仿某位歌手的风格创作一首全新的歌曲，比如它模仿了披头士乐队，创作了一首*Daddy's Car*，当然，歌词还是人类帮忙填的。

当人们还在怀疑人工智能在音乐领域所取得的成就时，不少歌手、音乐家们就已经张开双臂，迎接这种全新的作曲方式了，比如我们熟知的郎朗。郎朗是国际著名钢琴家，也是第一位受聘于世界顶尖的柏林爱乐乐团的中国钢琴家，他曾与谷歌的人工智能Duet来了一次亲密接触。当郎朗在钢琴上弹奏几个音符、几段旋律后，Duet也会配合着他，回应一段旋律，而这个旋律又是全新的、未知的，与郎朗的弹奏形成一段奇妙的“二重奏”。Duet还曾在上海龙美术馆亮相，无论你是精通钢琴的演奏家，还是不懂音乐的三岁小孩，都可以零距离体验这项“人机”合奏。2017年美国歌手泰琳·萨顿（Taryn Southern）发行了一张专辑*I AM AI*，这张专辑的歌曲都是她与人工智能共同合作完成的。当她要制作一首歌曲时，就在Amper Music这一人工智能平台上输入音乐类型，加上想要用的乐器，并设置节拍、情绪，随后，平台会生成很多旋律，而音乐人的责任就是要将它们合理地组合起来，形成一首乐曲。

也许你会问：“这样做出来的音乐有意思吗？”传统意义上，音乐是人们表达感情的一种方式，而人类的感情也为音乐注入灵魂。但是目前看来，人工智能是没有感情的机器，一个机器做出来的音乐再好听，也只不过是一段没有灵魂的旋律而已。这样的音乐有什么价值？其实，它的价值依然在于“辅助人类”。对于音乐家来说，人工智能能够帮助音乐家激发灵感，人机之间未尝不能碰撞出新的火花，使人能在有限的生命里能创造出更多的优质作品。对于不能演奏乐器的创作者来说，原来他们只能寻找合作的音乐人来帮助他们完成乐器的弹奏，而这一过程可能需要长时间的磨合，甚至会发生很多不愉快。但是有了人工智能，创作者就可以自己完成乐器创作，并制作出令自己满意的音乐。对于普通的音乐爱好者来说，如果你想制作一段音乐，从学习乐理到开始编曲，要花费多年时间，还要花费很多钱购买乐器等音乐设备，而人工智能则能帮助实现一键生成旋律，自己只需要根据喜好做出少许调整，这也降低了音乐后期制作的成本。而对于普通听众来说，在你的视频需要背景音乐时，人工智能可以完美地满足你起承转合的音乐要求，仿佛是一位音乐人为你“量身定做”。当你想要在学习、放松、睡觉的时候听音乐，人工智能能将你最喜欢的几首歌改编成合适的节奏。这些岂不都是人工智能带给我们的“福利”？

伟大的音乐依然还是要通过人去完成。人工智能能提供给音乐家的，只不过是灵感以及工具罢了。想要创造能感动人心、经得起时间考验的音乐，还是要有“灵魂”。人工智能固然会在其他领域替代很多重复性的工作，但是在艺术创作领域，它们是远远不能与人相提并论的。

而在绘画领域，我们已经见过不少人工智能的身影了。不知道各位读者有没有玩过前一阵子在朋友圈很火的小游戏——“猜画小歌”。这是谷歌推出的一款微信小程序，它改变了传统的“你画我猜”游戏模式，变成了“人画机猜”。在这款小游戏里，系统会随机给你出题，比如让你画出“云”“房子”“消防栓”“鲸鱼”等，并给你限定时间。当你在屏幕上画出形状后，由人工智能来猜测这是什么，如果人工智能猜对了，就算玩家胜利，并会进入下一轮；如果人工智能猜错了，游戏就会失败。我们身边有不少“灵魂画手”，通常他们画出来的东西连人都看不懂，但是人工智能却轻而易举地猜了出来，连胜局数甚至能“称霸”朋友圈。这究竟是为什么呢？那是因为“猜画小歌”见过的画比你吃过的饭还多。它由来自Google 人工智能的神经网络驱动，这个网络源自一个庞大的数据群，囊括了超过5 000万个手绘素描，什么样“抽象派”画作它都见过，只要你别画得太离谱，要识别你的画还是相对容易的。

如果没玩过这个游戏，没关系，各位爱美的女性朋友是否用过“美图秀秀”这个美化照片的软件呢？它不仅可以美化照片，还可以根据照片“画画”。2017年11月30日，美图秀秀正式上线了绘画机器人Andy。用户只需要将自己的照片上传，Andy就可以把照片画成不同风格的插画。Andy使用了美图影像实验室（MTlab）的影像生成技术，也是通过深度学习对“题海”中的插画类图像数据进行分析，从而总结出了不同的插画风格，不断提高自己的绘画能力。2018年12月14日，美图秀秀又推出了“动漫化身”功能，可以智能识别照片中人物的特征，自动生成可爱的动漫形象，并可以让动漫形象实时模仿真实人物的表情、动作。这就将Andy的静态插画“升级”成了动态漫画。这一功能运用到了人脸检测、人像分割、AR现实增强等多种人工智能技术，通过对人脸118个关键点进行定位，“动漫化身”能对人脸进行准确、稳定的分析。

如果说这些都显得有点“小儿科”，那么我们来看看人工智能在“真正”的艺术领域有着怎样的成就。2018年10月25日，佳士得拍卖行正在举行一场艺术品拍卖会。参与拍卖的作品有波普艺术大师安迪·沃霍尔的作品《玛丽莲·梦露》，有罗伊·利希滕斯坦的青铜版画，还有20几幅毕加索的油画等，可谓是名家云集。但是，有那么一幅参展作品倒是显得“格格不入”，要论作者的名气，那是绝对没有安迪·沃霍尔、利希滕斯坦、毕加索那么出名的。但是它能在这场拍卖会上“压轴”出场，而且居然还拍出43.24万美元（约300万人民币）的高价。43.24万美元是什么概念？就是拿了全场第二名！比毕加索的作品还贵！

这幅作品是什么来头呢？它的名字叫《埃德蒙·贝拉米像》（*Edmond de Belamy*），是由法国艺术团体Obvious打造，通过精密算法、基于GAN（Generative Adversarial Network，生成对抗式网络）模型开发完成。也就是说，这幅画是人工智能根据训练指令创造出来的。乍一看，倒有些“印象派”的意思。画面整体向左上方偏移，用朦胧的笔触描绘了一位身穿白衬衫、黑西装外套的男性，看得出，他的身材还是比较丰满的。奇妙的是，人工智能还在画的右下角署名处署上了一段代码，这段代码就是创造出这幅画的算法的一部分。这位埃德蒙·贝拉米不是孤单一个人，他的背后还有一段完整的“贝拉米家族史”，他的曾祖父是“贝拉米伯爵”，而埃德蒙·贝拉米已经是这个家族的第四代成员了。整个家族有11幅肖像画，都是人工智能创作的。不用说，聪明的读者就已经猜到，人工智能要创作一幅这样的肖像画也离不开“题海”。确实，这幅画是用算法和15 000幅14世纪到20世纪的肖像画数据制作而成的，在自我创作之后，算法将作品与人类作品进行比较，并将不足之处不断改进。在这一不断创作、不断否定的过程中，它的作品越来越接近人类的创作，直到它无法分清作品是由人创作的，还是由机器创作的。

人工智能画作参加拍卖已经不是第一次了。早在2016年，谷歌就在旧金山举行了一场画展和拍卖会，在人类的帮助下，人工智能借助神经网络技术为画展创作了29幅作品。有一位拍卖人以高达8 000美元的价格买得了6幅尺寸最大的作品。

这些“高价”画作真的能替代人类的作品吗？有很多媒体在报道这些新闻时，喜欢用“艺术家们瑟瑟发抖”“画家们饭碗不保”这类吸引人注意的句子。但是，能拍出高价的作品就一定是好作品吗？我们暂且不说人工智能能否

《埃德蒙·贝拉米肖像》

赋予作品“情感”这一问题，对于那一幅《埃德蒙·贝拉米肖像》，就已经有人提出了质疑：画作中存在着很多技术性的缺点，比如分辨率低，纹理模糊，这似乎暗示着算法还有一定的问题。如果人工智能真的要进军艺术领域，自身还有很多可以提高的空间。再者，如果有一天人工智能的技术提高到了完美无缺的地步，人类的艺术作品依然有存在的价值。就像当年摄影技术刚发明那会儿，本来画家们需要长时间手绘来描绘客观场景，现在有了摄影技术，几分钟就可以拍一张照，而且还比画出来的更真实。所以，大家都怕摄影技术抢了画家的饭碗。然而实际上呢？艺术走向了新的时代，摄影成了画家手中必要的工具，莫奈、德加等印象派画家都开始用照片为参照对画作进行创作加工，艺术由“再现”逐渐向“表现”演变。随后，抽象派、立体派、野兽派等画派兴起，绘画创作开拓了许多新的局面。如今，人工智能作为一种新的技术逐渐兴起，未来的艺术家们有的可能结合人工智能进行创作，也有的可能受人工智能启发，另辟蹊径，总之，人工智能可能在艺术领域掀起一场大变革，但不可能成为艺术本身。

在文字、艺术领域，人工智能已经在发挥着它的作用，但是从目前来看，在较长的未来，它们在这一领域大多只能承担“辅助人类”的工作。因为这一领域与其他领域最大的区别，就在于它需要很强的理解力、创造力、情感表达能力以及临场应变能力，而这些恰是人工智能难以用算法获得的。

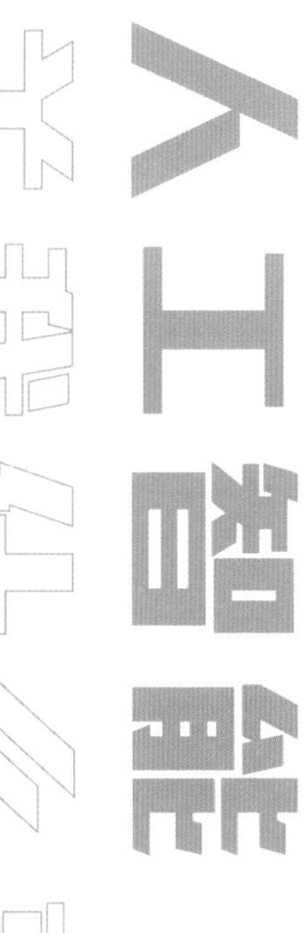

第五章

医　疗

看医生还是看机器?

人们常说：健康是1，其他如金钱、地位、房子等是1后面的0，没有了前面的1，后面的0再多也没有意义。人人都希望自己健康，但几乎所有人都不可避免会生病，医院则是我们生病后一定要去的地方。但是，你能想象吗？在将来，熟悉的医院也将变得陌生：当我们一踏进医院的门，迎接我们的不再是前台冷冰冰、懒洋洋的护士，而是一个个热情忙碌的机器人。或者，人们看病甚至根本不需要去医院，坐在家里用仪器就可以接受名医的远程医疗，曾经的排队拿号、就诊、付费这样冗长乏味的过程也将成为历史，导诊机器人能够快速地为病人提供挂号、身份识别、指导就医流程等服务。这到底算是看医生，还是看机器？确实，从诊断、治疗、到康复，人工智能就像是一位“十项全能”的选手，将会包揽我们看病的整个过程，甚至还将带领人类走向永生。

一、人工智能与精准诊断

人工智能在医疗领域的一大应用，就是与医学影像结合，发展成为“智能医学影像”。据全球市场调查（Global Market Insight）的报告显示，智能医学影像已经成为人工智能医疗应用的第二大细分市场，而且人气还在不断升高。

“医学影像”是什么呢？这可不是医生帮你摄影哦，其实它跟我们生病时经常会去的放射科有很大关系。比如X光、B超、CT等，这些医院的“透视眼”拍摄到的画面都算是“医学影像”。对于病人来说，拍摄这些“医学影像”并不是一件麻烦事，病人所要做的就是只是轻松地站在仪器对面或者躺在病床上让仪器扫描。但是，“拍片一时爽，诊断火葬场”，看似轻松的检测过程，背后可有一段影像科医生的辛酸血泪史！这些医学影像灰蒙蒙的，看起来好像都一样，实际上却暗藏玄机，只有专业的医师才能从这些图像里发现异常情况。怎么发现的呢？即使是久经沙场的医生也不能看一眼就下定论，而是要对一个病人的250～300张医疗影像进行比对，寻找发现问题。我们拿到的是一张薄薄的诊断书，但是医生却要看数百张影像。如果一个放射科医生每天要诊断超过60

医学影像

个病人的CT，那么他一天要看的影像就达到了15 000 ~ 18 000张，甚至到了疾病多发季节，一天要诊断的病人就超过了100个。不仅医生压力大，而且医患矛盾又容易发生：一方面，医生为了对病人负责，必须要仔细审查，不能遗漏任何一处异常，另一方面，病人等得心焦，容易闹脾气，这实在是一个苦差事。

但是，有了人工智能，医生的压力就能大大减少。“智能医学影像”能在很短的时间内完成对医学影像的初步筛选、判断，完成病灶筛查、靶区勾画、脏器三维成像、病理分析以及影像定量分析等，而且不需要休息，准确率不会因为疲劳受到影响。纽约大学兰恭医学中心（NYU Langone Health）发现，在找到并匹配特定的肺结节（通过胸部CT）方面，医学影像的自动化分析的速度比放射科医师要快62% ~ 97%，据说每年能节省30亿美元。但是，这么高难度的医学诊断要如何通过人工智能来实现呢？我们先来看看智能医学影像的界定。它是将人工智能的图像识别、深度学习等技术应用在医学影像领域，帮助医生进行医疗诊断，以提高准确率和诊断效率的一种技术。图像识别，也就是对患者的影像进行识别，对影像进行分割、提取特征、标注关键信息。深度学习，就是能基于大量已有的影像数据和诊断数据，进而做出自己的判断，能够独立诊断疾病。简而言之，就是像一个普通的医生那样，先看图，找出关键信息，再做出分析。

目前已经有不少企业在这一领域大展拳脚，比如国内有初创公司Deepcare，提出利用机器学习实现对医学影像的智能诊断，从而解决三甲医院高级医生与普通医生的能力差距问题。腾讯首款人工智能医学影像产品“腾讯觅影”能对各类医学影像进行训练学习，智能识别病灶，辅助医生临床诊断的食管癌、肺癌、糖尿病视网膜病变等疾病的早期筛查，准确率都高达90%以上，糖尿病视网膜病变识别准确率更是达到了97%。在医学影像领域中最受关注的肺结节检测方面，国内的智能影像也有了重大突破。2017年，科大讯飞的

腾讯觅影”展示人工智能如何稳准快地帮助医生早筛食管癌等疾病

智能影像产品，就在一场名叫LUNA的国际肺结节权威评测中夺得第一，获得平均召回率92.3%的检测效果，并刷新了世界纪录，真是一件值得骄傲的大喜事！

而在国外，美国的科技巨头IBM公司从2012年开始就已经与美国斯隆凯特琳癌症中心合作，打造了一位“沃森”（Watson）医生，倒是和大侦探福尔摩斯身边的华生（Watson）医生同姓。而且，这位沃森医生一点也不逊于华生医生，它在医疗影像方面前途无量，正在源源不断地吸收着的医学影像资料：IBM公司已将众多的医学报告、论文“喂”给沃森，并斥几亿巨资收购了多家医疗影像公司、图像软件公司。在IBM的悉心培育下，这位医学影像界的“婴儿”将很快成长为“专家”。据说，沃森医学影像评估（Clinical Imaging Review）系统将用于诊断心脏类的疾病，首先将攻克“主动脉瓣狭窄”。不仅是诊断，沃森还能为病人制订后续治疗计划，为人类医生提供不少借鉴。

沃森的拿手好戏不仅在于医学影像，它还是一位肿瘤专家，有着超强的

“特异功能”：它可以在17秒内阅读3 469本医学专著、248 000篇论文、69种治疗方案、61 540次实验数据和106 000份临床报告。说句实话，这个阅读量对于大部分人来说，那是几辈子都做不到的事啊！2012年，它通过了美国职业医师资格考试，曾10分钟诊断出一名60岁女性患有罕见白血病，10秒钟开出了一张胃癌局部晚期的诊疗方案分析单。10秒钟，对于人类来说，好像也就是发个呆，或者浏览一下书籍目录的时间。这么短的时间内，一部机器能做什么呢？它能翻阅超过300份权威的医学杂志、200多种教材，1 500多万页资料，最后还贴心地为中国患者翻译成了中文。据沃森健康官网介绍，沃森肿瘤的治疗方案与顶级人类专家给出的治疗方案非常契合，符合度达到了90%以上，无论是肺癌、乳腺癌，还是直肠癌、结肠癌、宫颈癌或者是胃癌，它都有所涉猎。

对于病人来说，沃森还可以解决医生们“众口不一”的难题。在我们日常生活中，即使是小毛小病，医生们的建议都可能不一样：到底是打针、挂水还是吃药，到底听哪个医生的，有时我们会非常困惑。而当有人遇到了大病，就更加难以抉择了，有的医生认为吃药可以解决，有的医生认为必须要进行手术，这种选择就不仅仅是“选择恐惧”了，而是性命攸关的大事。而沃森“医生”则能给患者更加全面的方案，在它给出的诊断报告中，用绿色、黄色、红色分别标明了推荐、可考虑、不推荐的方案，而且每个方案都清晰地标明了来历、出处、所引用的指南或者是临床研究的证据，而且它所引用的方案有的还是美国顶级医院开出的方案，患者不出国门就能得到美国医生的建议，从而帮助患者做出选择，减少因犹豫徘徊而浪费的时间。在国内，已经有超过200家医疗机构“聘用”了这位沃森医生，23个省45座城市的医疗机构都已与它签约，这位机器人医生正在慢慢展现着它的实力。

当然，对于这位“沃森”医生是否真的可靠，也是众说纷纭。虽然它有出色的实验结果，但要真正实现技术落地也还有一段路要走。据称，沃森健康曾经历过一次大规模裁员，证明IBM在医疗领域遇到了不小的难题。而“沃森”医生推荐的癌症治疗方案也并非百分百可靠，沃森应用于临床的时机尚未成熟。根据美国医疗健康信息网站STAT的一份报告称，IBM 沃森健康公司的一些产品，比如沃森肿瘤（Watson for Oncology），并没有达到预期的效果。在沃森肿瘤在投入使用近3年后，一些医院发现沃森偏重于美国的治疗方法，并不符合当地的实际情况。而且它在学习不同类型的癌症方面遇到了困难。也正是因为“沃森”医生的种种负面消息，使医生们在使用“沃森”时产生了不小的犹豫，甚至它被视作医疗界的一个“笑话”。但是，新事物的诞生总要经历不小的磨难，沃森肿瘤还在初级阶段，人们不应放弃或是嘲笑它。应该多给一些时间与耐心，以待它未来的成熟。

机器人诊病离我们还远吗？2017年，人工智能在满分600分的情况下，以456分的优异成绩，通过了国家职业医师资格考试。这一成绩高出合格线96分，在所有考生中名列前5%！这意味着什么呢？这意味着人工智能已经具备了当优秀全科医生的潜质。如今打着“辅助诊断”旗号的人工智能，未来是否将超越诊室医生，取而代之？这一切都还是未知数。

二、人工智能与治疗辅助

诊断病情之后，患者就要接受治疗了。谈到人工智能在治疗辅助方面的成就，我们首先想到的还是手术机器人。近年来，我国在这一方面有了突出的成就，比如神经外科手术机器人“睿米”，历时18年研发完成，于2018年获得了CFDA三类医疗机械审查的批准。面对脑出血、脑囊肿、癫痫、帕金森病等十余类神经外科疾病，“睿米”机器人都能出色地完成精准定位。我们知道人的大脑结构是很复杂的，只要手术时稍微偏差一点点，那么手术很有可能就会失败。以帕金森病为例，医生需要将毫米粗细的电极植入患者的丘脑底部特定的神经核团中，而这个神经核团只有花生米大小。它对手术精度的要求极高，即使是有经验的医生也要经过多次训练，才能实施手术。有了这个“睿米”机器人，医生就可以实现方便、快捷的精准定位。它虽然长得不像人，但是却有着人的部分功能。比如，它有一个由计算机及软件系统构成的“大脑”，有一只“手”，也就是机械臂，它还有一双“眼睛”，也就是摄像头。通过脑、眼、手的结合，“睿米”可以帮助医生精准地定位。别看它好像有些笨重，它的精度其实可以达到1毫米！在“睿米”的定位辅助下，医生只需要完成最后的穿刺工作就行了。除了“睿米”机器人，还有骨科机器人“天玑”。“天玑”是国际上首个适应症覆盖脊柱全节段和骨盆髋臼手术的机器人。传统的骨科手术部

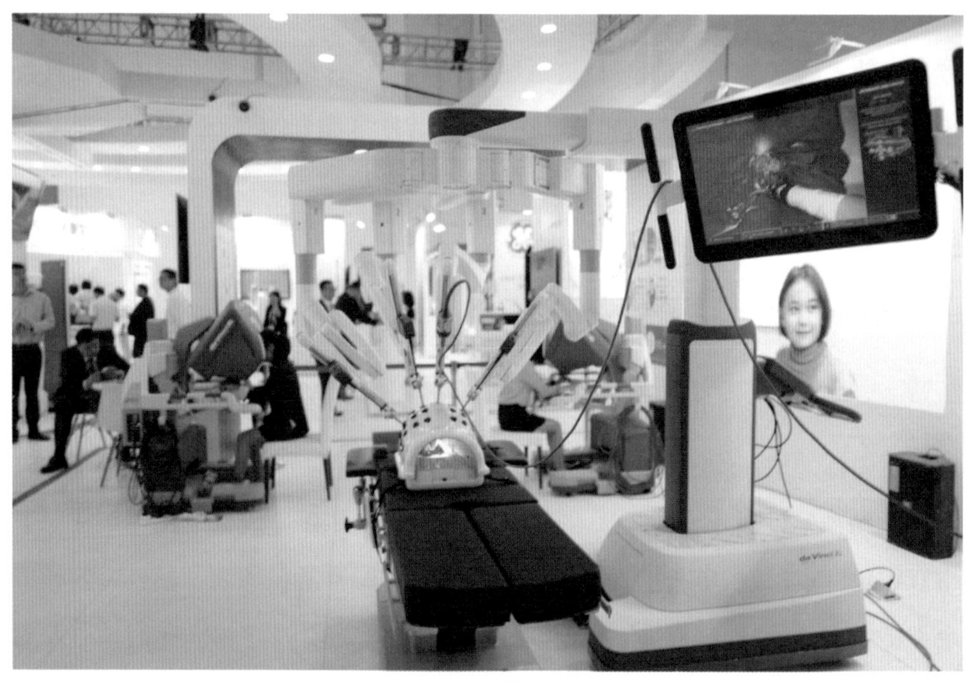

手术机器人

位空间比较小，而且紧邻着重要的神经和血管。对于医生来说，看不见内部结构、打不准螺钉、人手不够稳是三大难题。而有了“天玑”，医生只需要在计算机导航系统屏幕上设计好钉道，“天玑”就可以精准地将螺钉打进患者体内，再由医生对患者进行一次扫描，确认螺钉打入的位置。不仅手术时间缩短了，还能减小手术切口，减少出血量，患者也能更快恢复健康。

其实，人工智能对手术的辅助不仅在机器人方面，这里还要提及AR与VR这两大应用。经常玩游戏的读者一定对AR与VR两个名词不陌生。实际上，AR与VR技术是人工智能的两大应用，为了下文讲述方便，我们还是不怕麻烦地解释一下AR与VR分别是什么意思。AR（Augmented Reality）就是增强现实，通过AR技术我们可以将虚拟世界与现实世界结合，在现实世界中看到虚拟的东西。比如说迪士尼就打造了一款排队时玩的AR游戏“Play Disney Parks”，玩家只需要在队伍中用手机摄像头来激活周边的AR元素，就可以看到自己身边有火箭飞过等虚拟景象。而VR（Virtual Reality）就是虚拟现实，人们只要戴上一个头显设备，就能看到一个与现实完全不一样的虚拟世界。比如上海迪士尼乐园中最火爆的“飞越地平线”项目，平均游客排队等候时间超过三小时。这个项目到底有什么好玩的呢？你只需要坐在一把悬空的椅子上，就能飞越阿尔卑斯山、格陵兰岛、长城、埃菲尔铁塔等世界著名景点，就好像环游了世界一样。一提到AR和VR，我们讨论最多的可能就是它们在游戏领域的应用了。但是，AR、VR如果只在游戏领域发挥作用，那可真是“大材小用”，它们在医疗领域也已发光发热，为人们带来更多的便利。

首先，VR可以与专有的人体手术机器人结合，帮助外科医生进行微创手术，而AR则能帮助外科医生进行注射，或是360度无死角地查看病人的器官。致力于医学可视化、3D漫游的美国公司InnerOptic，推出了配合AIM 3D图像引导系统的AR眼镜，能为外科医生提供指导作用。手术过程中，AIM系统会帮助计算并预测注射器即将插入的位置，然后AR眼镜上就会用虚线显示目标位置，并随着医生不断接近实时更新，使得注射器插入的位置更加精准。这样，即使是没有外科经验的医生也能成功在患者体内注射药物。再比如通过AR技术，手术人员可以在手术过程中查看病人心脏的实时全息图像，以及他们在心脏内使用仪器的全息图，这对手术进程将是一个很大的帮助，手术时间将大大缩短。比如美国的医学影像公司EchoPixel，就利用AR技术帮助医生看“透”病人：医生只需要一个True 3D系统以及一副相应的3D眼镜，就可以从任何角度查看病人体内的器官，一个完整的3D全息图像就展示在医生面前。

AR与VR的作用不仅于此。我们经常会觉得大城市的医疗水平要比小城市的好，而小城市的医疗水平又要高于县城里的小医院，县城里的小医院又好于偏远山村的卫生站。医疗资源的差异使得很多人不远千里跑到大城市来寻医问诊。不过，有些山村实在太过偏远，最近的公交车站也在十千米之外。如果病人卧床不起，那更是难上加难，跑到大城市看病几乎是不可能的事。但是在将来，AR与VR技术的进步都能把这些“不可能”变成“有可能”。即使病人在千里之外的小山村，只要能连上互联网，他的生理数据就可以反映在医生眼前的虚拟病人的身上，北京、上海、广州甚至是国外的医生也能看到病人身体的实时数据。不仅如此，医生还可以带上头显设备，对虚拟病人进行一些操作，同时实时控制远处的机械臂，来为真实的病人做手术。

如果这听起来太科幻，那么我们先来讲讲已经实现的“远程医疗”技术。以色列在“远程医疗”方面非常领先，特拉维夫特哈休莫医院Chaim Sheba医疗中心就开发了一个VR远程康复服务，通过这一技术，医生可以及时了解病人在家里的修养状况，或者在医疗保健中心指导其他地区病患的临床治疗；而以色列数字医疗设备制造商Tyto则致力于开发手持医疗检测设备，帮助病人检查口腔、咽喉、眼睛、心脏等器官的健康状况，医生则可以“在线”进行指导，

远程医疗

足不出户就能看病已经不是梦想。

也许在不远的将来，“远程医疗”这一技术还将被应用到急救方面。我们知道对急救病人来说，时间就是生病。如果当病人还在救护车里时，远在急诊室的医生就可以通过远程B超对病人进行初步检查，了解病人的基本情况，那么等病人到了医院就可以直接进行手术，节省了不少的时间。AR眼镜也可以帮助我们处理很多紧急事件。举个例子，有人在火车上、飞机上晕倒了怎么办？如果身边没有会急救的人，那么就很可能错过最佳治疗的时间。AR眼镜能帮助相关人员（比如列车员）通过卫星连接医生，并接受医生的直接指导。就跟我们在电影里看到的那样，医生会出现在眼前一块虚拟的屏幕里，指挥相关人员进行急救。

对患者来说，还有一点很重要。医生可能经常会被患者这样问：“做这个手术，痛不痛啊？”确实，一想到要做手术，最担心的事情之一就是疼痛。有时候，即使用了麻醉剂，也不能使疼痛完全消除。等手术结束，麻醉剂不管用了，医生就会给病人开一些“镇痛药”。然而，有些镇痛药虽然有止痛效果，但同时对我们人体也有一定的伤害，比如号称最有效的镇痛药——阿片类镇痛药（opium）。“阿片”也就是“鸦片”，是从罂粟中提取出来的。一提到“罂粟”，读者们是否会想到“成瘾”？是的，这类药物可能会致瘾。虽然国内对这种药物管制颇严，但是在国外因过量摄入这类镇痛药而死亡的案例并不少见，而且它的依赖性非常高。而其他的非阿片类镇痛药，虽然毒性低、无依赖，但是无法独立作为中、重度疼痛的止痛方式，它们的镇痛效果远不如阿片类镇痛药。那么，面对中重度疼痛，人们只能在“痛”与“瘾”之间做出抉择吗？

VR则正在尝试解决这一两难的局面。VR是一种新型的“镇痛药”，只不过这“镇痛药”三个字上要打一个引号，因为它与真正的镇痛药有着本质的区别：它既能达到镇痛效果，又对人体无害。患者只需佩戴VR设备，就能进入一个完全虚幻的奇异世界，从而转移患者的注意力，减少治疗的疼痛。在美国得克萨斯州的Shriners儿童医院烧伤科，一位13岁小女孩杜克就在“换纱布”的过程中体验了一把“冰雪世界”的游戏。不知道大家有没有跌倒摔伤的经历？医生换纱布时会扯下许多死皮，这个过程通常伴随着痛苦。而对于全身烧伤的病人来说，这种痛苦则更加难以忍受。而当小女孩戴上VR设备，沉浸在一片“冰雪世界”中愉快地打着雪仗时，医生换纱布时也就没那么痛了。斯坦福医疗部门止痛药临床副教授Beth Darnall认为：“人体疼痛发出的警告能够很有效地吸引人的注意，而VR可以成为一种精神的工具，就好像沉思疗法一样，可以抑制疼痛。”那么，该如何科学地检测疼痛是否被抑制呢？询问患者本人带有一定的主观性，但是科学实验却是客观的。小女孩杜克就诊的Shriners医院和位于西雅图的Harborview烧伤中心对接受VR疗法的病人进行了脑部核磁共振，实验结果显示，病人的疼痛度有了显著的下降。这证明VR疗法是有用的，甚至有人认为它比吗啡（一种阿片类镇痛药）更加有效。

三、人工智能与康复护理

所谓“三分治，七分养”，治疗后的康复也是十分重要的。我们知道，对于肢体残疾，传统的康复过程需要患者进行很多重复性运动，这一过程通常漫长而无聊。有一些公司已经针对患者的复健训练设计了一些“机器人”，帮助患者更快地恢复。比如三星就推出了“Samsung GEMS”，它们是一种外骨骼机器人，用户只需要把它们佩戴在身上，就可以辅助自己行走，帮助自己强化肌肉。但是，这虽然解决了恢复得慢的问题，却没有打发恢复过程中的无聊。

我们知道，玩游戏是打发无聊的一种方式，如果患者的康复过程能在“游戏”中度过，那该多好！现在，有了VR技术，这已经不是梦想。VR游戏可以刺激患者的大脑，让肢体重新听从大脑的控制，从而达到康复的效果。早在2013年，瑞士VR巨头MindMaze公司就开发了一款MindMotion Pro这一神经康复治疗系统，运用到了沉浸式虚拟现实、动作捕捉与分析以及神经电生理测量与分析三大技术。具体来说，它运用3D运动跟踪摄像机来协调人体动作和大脑技能，系统会通过患者的动作，捕捉生成虚拟形象，并由此进行交互性的指导，比如一个人中风后无法移动左臂，练习则要求他用正常的右臂去拿东西，而屏幕上出现的虚拟的“人形化身”则在移动右臂，这就通过了镜像技术刺激患者的大脑，以达到康复效果。据说，患者可以完成标准康复计划10至15倍的运动量。那么，如果患者在自己的家中，是否也能通过VR游戏的方式进行康复练习呢？MindMaze公司不仅设计了在康复中心使用的MindMaze Pro，2018年6月，患者家用的MindMotion Go获得美国食品和药物监督管理局（FDA）批准，可以应用于治疗中度和轻度脑损伤患者的居家康复。这样，从住院治疗到居家治疗，VR康复系统可能会“承包”所有康复的流程！患者再也不用担心枯燥的康复训练了，反而会积极地戴上头显设备，沉浸在游戏的世界里，一边娱乐，一边康复。

康复护理不是患者一个人的事。为了让患者恢复健康，护士们也非常辛劳。有的护士一天要手动测量80多个人的血压，还要跑上跑下，发药查房，想想都觉得腰酸背痛。累也就算了，万一要进入满是辐射的隔离病房，对护士的身体健康也有影响。那么，机器人能帮护士们做什么贡献呢？

首先，它们能替代护士处理一些脏活、累活。美国各大医院使用的机器人TUG能够收集病人的床单、脏餐盘、状况表、废弃物等物品。别看它其貌不扬，长得就像一个行走的“冰箱”，但它能认路，懂礼貌，知道要停下来让人先走，也会在别人给它让道时说一声“谢谢”。类似的，武汉协和医院也引进了物流机器人，药物的配送工作就不用护士们亲力亲为了，而且1台机器能顶4个配送员，工作效果又快又好。护士们不用把体力、精力浪费在繁

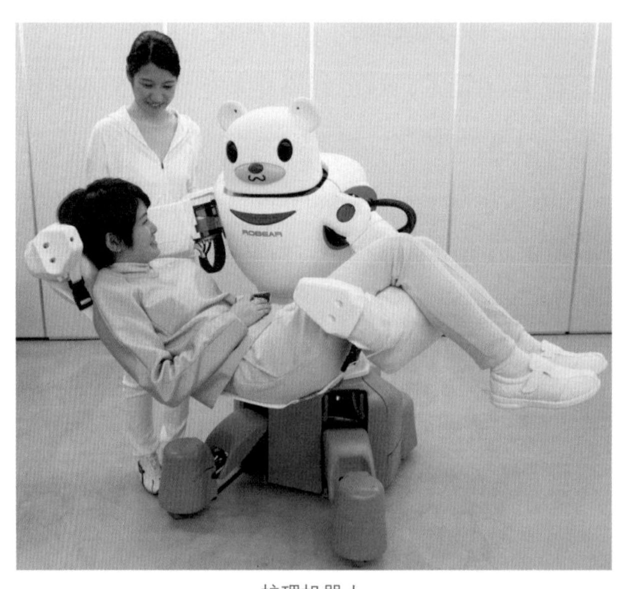

护理机器人

重的体力活上了。

其次，机器人可以代替护士发药、查房，询问病人的健康状况。加州大学旧金山校区和英国国家健康服务就采用了人工智能虚拟护理师“茉莉”，它可以和病人互动，评估病人的病状。更重要的是，人工智能可以减少辐射对护士身体的影响。上海仁济医院核医学科就引进了钛米机器人，成为护士的好帮手。因为病房中有核辐射，护士查房需要全副武装，而且去的频率也不能太高。而机器人能每隔2小时就对所有病人进行一次体检，在呼叫患者姓名后，通过人脸识别确认身份，并自动测量患者的体温、血压、辐射残留等。还能自动打开药箱，播放服药通知，向病人解释医疗、护理小知识，甚至能有效帮助医护人员和患者进行远程视频。这不仅减轻了护士的负担，还能帮助护士及时掌握病人的情况，病人也能在闲暇之际与钛米机器人进行交流，打发无聊的时光，简直是一举三得。

再次，机器人还能胜任抽血的工作。回想一下你在医院抽血的经历，如果你看到给你打针的是一位年轻的实习生，那么你可能会在心里惨叫一声“大事不好”，一次抽血可能会在你手上留下好几个针孔。如果对象是老人、小孩，抽血则更考验护士的技术。面对这样的现象，美国的“抽血机器人”Veebot进入了人们的视野。通过使用红外线、超声波成像，它能够自动确定最终的入针位置，针头进入身体后还能调节深度，而这一切只需要一分钟就可以完成！

在动画电影《超能陆战队》中，胖胖、萌萌的机器人大白很受人欢迎，它能够当我们身边的健康顾问，只需要扫描一下，就能检测出我们的生命指数，治疗我们的伤痛，给予我们安慰。它就像机器人中的“白衣天使”一样，无微不至地呵护着我们。虽然现阶段的护理机器人没法做到这么智能、这么温暖，但我们可以从这些护理机器人身上看到，人类与机器未必是一种敌对关系，机器也可以与人类互帮互助，承担陪伴病人、照顾病人的工作。

四、人工智能与永生未来

在这部分内容，我们得好好推出一个重量级的“大人物”。这位“大人物”虽然非常厉害，但是体型却很小，那就是充满着未来感的“纳米机器人”。纳米机器人能在原子水平上精确地建造和操纵物体，能在我们身体里帮我们“做手术”。想象一下，将来有一天，你的体内会住进由电子元件构成的小机器人，帮你清理血管，帮你赶走病毒。也许有的读者会觉得这听起来瘆得慌，如果有这么几个小东西在自己的血液里游泳，那绝对会联想到孙悟空在铁扇公主肚子里撒泼打滚的画面。但是要知道，既然是“纳米机器人”，那么它的大小也就是纳米级别的，比一只蚂蚁小一百万倍。而且它是有益于人体健康的，不会在你的肚子里“造反”。那么，它到底要怎么帮我们处理身体内存在的“病变”呢？让我们来看一则“纳米机器人小分队”的故事：

纳米机器人队长：“我们已经进入患者的身体内了，准备好巡逻了吗？”

纳米机器人们：“准备好了！”

纳米机器人队长：“好，我们先顺着血管一直游，发现异常情况及时汇报。”

纳米机器人A：“报告队长！我感到这里好像温度有异常！”

纳米机器人队长：“好，检查一下这里信使核糖核酸上的疾病指标。”

纳米机器人A：“各项指标均与一种疾病符合！”

纳米机器人队长：“准备释放相应的治疗药物，消灭敌人！”

纳米机器人B：“报告队长！检测到这里是肿瘤聚集的环境！”

纳米机器人队长：“好！大家变换自己的形态，释放携带的‘肿瘤杀手’！”

纳米机器人B：“不行，敌人太强大，人手不够啊！”

纳米机器人队长：“不用怕，我们能自我复制出几百万个兄弟，一定能顺利完成工作！”

我们可以从这则小故事中总结出纳米机器人的四个特点：第一，它们携带温度感应器。人体中出现病变时，会发生温度变化。因此，纳米机器人可以根据这一特点识别患病部位，实现药物的精准投放。第二，它们能检查信使核糖核酸的疾病指标，如果所有指标都与人们设置的某种疾病指标相匹配，那么它就会做出“这里该释放何种药物”的判断。第三，纳米机器人会变换自己的形态，由筒状展开变成片状，露出内部的药物，射杀病变细胞。第四，纳米机器人能自我复制出百万数量级的机器人，完成庞大的工作。

纳米机器人模拟图

也许有了纳米机器人，癌症患者不用进行化疗，纳米机器人可以精准地消灭癌症细胞，将其完全分解。老年人常见的心脑血管疾病，对于纳米机器人来说更是小菜一碟。这样一来，有人会自然而然地推理：既然各类疾病都可以治疗，人类是否可以长生不老呢？还真有人承认了这一点。不久前有人宣布：“到2029年，人类将开始正式走上永生之旅。到2045年，人类将正式实现永生。”

说到这里，秦始皇的棺材板怕是按不住了。古往今来，寻求“长生不老”灵丹妙药的人数不胜数，几乎中国历代皇帝，包括最英明的秦皇汉武、唐宗宋祖莫不如此！据说当年秦始皇就派方士徐福，带着三千童男童女东渡寻找长生不老药，灵丹妙药当然没有找到，秦始皇49岁就呜呼哀哉了。在我们传统的认知里，“长生不老”只存在于神话之中，现实生活中根本就不可能发生。那么到底是谁胆子这么大，敢颠覆我们的认知，做出这个“神预测”？一般人说的我们不信，但是“大神”说的，我们就要仔细地考虑考虑了。这位“大神”就是谷歌的首席工程师、未来学研究家雷·库兹韦尔。所谓“名师出高徒”，库兹韦尔的老师就是我们之前提到的人工智能之父马文·明斯基。比尔·盖茨称：“雷是我知道的在预测人工智能上最厉害的人。”

好吧，那我们姑且觉得他没有胡说八道，那么他有什么根据呢？当然，库兹韦尔说出这番话并不是为了哗众取宠。设想一下，如果有那么一个时间点，医疗技术的进步使得人均寿命每过一年就增长一岁，那岂不是人就逐渐逼近永生了？等到了2045年，库兹韦尔口中的那个“奇点”就将来临，计算机智能将与人脑智能兼容，人类将超越自己的生物存在！

有读者要说：“行行行，你说的那个逼近永生好像有点道理，但是那个‘奇点’是怎么回事？计算机智能怎么能与人脑智能兼容呢？”这里，我们的纳米机器人就发挥它的大作用了。它就是人类“永生之旅”的一个重要角色。库兹韦尔认为到了2020年，人的血肉之躯将可以植入纳米机器人，由它们来接管人类的免疫系统。到了21世纪30年代，我们血液中的纳米机器人还能摧毁病原体，并修正人体内的基因，达到扭转衰老的效果。纳米机器人还可以透过毛细血管无创伤地进入人体大脑，将大脑皮层与云端联系起来。如果肉体实在是支持不下去，我们的思维、情感、学识都还能在计算机中保留，甚至能通过与云端相连的全息投影技术，把去世的人重新“投射”到现实世界，这就意味着我们的思想能通过这种方式得到永生。

你可能会敏锐地意识到：如果将人与计算机连接起来，那人岂不是和人工智能非常相似了吗？如果这真的实现了，那么自然人与人工智能则完全不是想象中对抗的关系，同时也超越互帮互助的“朋友”关系，人将与机器融为一体，人亦是机，机亦是人。

总体看来，说是“看医生”也好，说是“看机器”也好，我们未来的医疗护理一定离不开人工智能的力量。对于医护人员来说，它能帮助医生诊断疑难杂症，帮助护士从繁复、无趣的工作中解放出来；对于患者来说，它能帮助偏远地区的人们实现“远程看名医”的梦想，在线诊疗平台的建立使得偏远地区的医院能够迅速提升诊疗水平，获得大城市的医疗资源。它还能帮助患者减轻疼痛、提高康复效果，危急关头挽救转瞬即逝的生命；对于全人类来说，它又是一剂“长生不老”的灵丹妙药，改变千百年来人类社会的命运。随着人工智能在医疗行业的发展，医疗物联网（IoMT）、人工智能全科医生机器人、远程医疗、医疗中的可穿戴设备、云计算，它们正在走向现实。未来，VR以及5G技术的发展，使得之前较为昂贵稀奇的远程医疗变得触手可及。从患者招募到药物开发，人工智能将全程参与，给人们带来更多的“福利”：新型药物的研发时间将会比之前更短，而且价格也会更低。对于残障人士而言，下一代假肢技术也在进步，这将有助于他们更加容易地恢复到常人生活状态……这场人工智能带来的“医疗革命”究竟还能给我们带来多少惊喜？我们拭目以待。

第六章

教　育

人工智能可以传道授业解惑吗？

唐代思想家、文学家韩愈在《师说》一文中认为教师是担任“传道、授业、解惑”的角色的。“授业” “解惑”比较好理解。“授业”，指的是传授课业知识、专业技能。“解惑”，则指解答学生的疑惑。像现在老师为学生讲解错题，也算是“解惑”的一种。而“传道”的含义比较复杂，它既指为学生指明方向，传授道理，引导学生探索真理，又指培养学生良好的思想品德。韩愈把“传道”放在首位，正是对教师这一职能的重视。大家都说人工智能将会冲击教育领域，那么，人工智能真的能担任“传道、授业、解惑”的角色吗？如果能，那么人类教师该何去何从？别着急，听我们细细说来。

一、人工智能“解惑”：比老师更高效

我们不如先开门见山地说一个人工智能为学生们“解惑”的案例，这一案例发生在美国乔治亚理工学院。有一位计算机科学教授艾休克·戈尔（Ashok Goel），他开设的网络课程非常受欢迎，每学期都会收到超过1万个问题。他觉得这实在是太忙了，就想办法依托IBM的沃森平台，鼓捣出了一个聊天机器人，并把这个机器人叫做吉尔·沃森（Jill Watson）。这位机器人负责担任人

工智能在线课程的九位助教之一。不过戈尔教授想跟学生们“开个玩笑”，他并没有告诉学生这位助教是个机器人。当学生们在网上论坛中提出问题时，吉尔都能给予学生及时的答复，还能给学生们提供课程、讲座、作业相关的信息。那么，学生们有没有被“骗”到呢？答案是肯定的。戈尔教授在期末考试前揭晓了吉尔助教的身份，大家才恍然大悟。有人觉得与吉尔交流非常亲切，像个年轻的博士生。有人觉得吉尔非常称职，甚至还想推选她当最佳助教。

吉尔的成功也离不开研究人员对她的训练，他们让吉尔学习了近4万个在线论坛上的问题。而且吉尔也是个非常小心谨慎的机器人，对于一些崭新的问题，当她有97%以上的把握能正确回答时，她才会做出答复。反之，则转向人工助教进行求助，从而确保了给学生解答的准确性。这一事件也给人们提供了一些思路：人工智能可以胜任答疑解惑的角色。

有人会质疑说：“国内的教育主要还是线下的，学生有什么不懂就直接问老师嘛，老师也会耐心解答的，没必要整一个机器人。”确实，在“解惑”方面，如果人工智能只赢在了时效、速度上，那人工智能的作用就大打折扣了。实际上，人工智能“解惑”不仅比人类教师更快，而且能从学生的错题里找到学生们“潜在”的疑惑，并根据这些错题进一步“因材施教”。“因材施教”不是一个新鲜的话题，孔子就是一位因材施教的老师，我们不妨以此为例，看看几千年前春秋时期的圣贤是如何为学生们答疑解惑的。下面这则小故事出自《论语·先进篇》。放心，我们已经为大家翻译成了大白话：

子路问孔子：“我听到了您说的道理，应该马上行动起来吗？”

孔子说：“父兄健在，怎么能一听到就行动起来呢？”

冉有问：“我听到了您说的道理，应该马上行动起来吗？”

孔子说：“听到了就马上行动起来。”

公西华说：“子路问‘听到了就行动起来吗？’您说‘父兄健在。’冉有问

‘听到了就行动起来吗？’您回答‘听到了就行动起来。’我被搞糊涂了，想再问个明白。”

孔子说：“冉有做事总是退缩，所以我鼓励他。子路好勇，所以我约束他。”

子路、冉有都是孔子的学生，但是当他们学而有惑，向孔子提出同样的问题时，孔子却给了他们不同的答复。这可不是因为偏心，而是因为子路太过勇敢，孔子怕他出什么岔子，所以孔子以子路还有父兄需要孝顺为由，指导他行事不可太过鲁莽。而冉有则行事小心怯懦，孔子则鼓励他多多行动。孔子非但不偏心，而且还根据两人不同的性格进行了个性化的指导，用“因材施教”的方式解答了学生的疑惑。

那么，几千年后的今天，这种“因材施教”还能实现吗？说实话，要遇到一个像孔子这样的老师，实在是太难得了。要遇到像子路、冉有、公西华这样的学生，也太难得了。此话怎讲？首先，孔子身为一位老师，他了解自己的弟子，也有耐心根据他们自身的性格进行答疑解惑。而现在的老师们太忙了，一个班又有四十多个学生，不可能对每一个学生进行个性化的指导。其次，现在有很多学生都羞于向老师们主动提出问题，不像子路、冉有那么直截了当。这些学生即使听课听得一头雾水，也宁愿回家后在书本中寻找答案。课堂上的这些疑惑得不到及时的解答，越积越多，最后都变成了他们的错题。一道错题可能代表着好几种疑惑的存在，“解惑”变成了“解错题”。我们知道，一张卷子上每个人的错题都不一样，错误原因也各不相同。老师在课上讲解错题时，只会讲大家错得多的题目，讲是讲了，却无法帮每位学生分析错误原因。很多学生订正了答案，却依然不知道自己错在哪里，更不用说那些老师没讲的错题了。考完试以后，老师也是继续用平常的方式上课，不会根据每位学生的考试情况为他们“私人订制”新的课程。

但是，机器人在这方面就做得很好。不仅能抓住每一个学生们的错题，还能根据他们各自的错题，为他们制订新的学习计划，真正做到了因材施教。比如国外有“聊天机器人”（Chatbot），这种结合了人工智能技术的线上学习能够很好地找到学生知识结构中的薄弱点，根据学生们在学习过程中产生的疑问，为他们制订个性化的学习计划。在美国的Summit公立学校，Chatbot已经能进行基础的课程辅导，它能像真的“1对1”老师那样，根据学生对课程内容的掌握能力来调整工作、课程的进度，学生可以按照自己的节奏来进行学习，并对薄弱之处反复练习，大大减少了错题“滚雪球”的可能性。

国内也有类似的教学方式。我们知道国内已经有很多线上教育，但是能做到“因材施教”的却不多，大多数还停留在观看老师的线上教学视频，然后完成练习这一阶段。实际上这种学习方式和在校学习没什么两样，只是上课时间、地点更为灵活了而已。但是当线上教育结合了人工智能，就更能发挥出线上教育的优势。人工智能的“长处”在于对大数据进行分析，它能够结合用户的特点，按照算法进行处理。也就是说，通过获取学生的相关数据，它也能分析得出每个学生的长处、短处，从而进行更有针对性的练习。国内的教育机构在这一方面也并非没有尝试。松鼠AI的创始人栗浩洋提出了“智适应教学机器人”的概念，尝试着研发人工智能自适应学习引擎。它能通过人工智能技术来了解学生的学习情况，检测出学生的思维模式与学习方法，并对学生进行测试，找出学生的易错题，再给学生调整之后的学习内容，简直就是为学生们每个人定制了一个人工智能教师。这听上去好像很厉害，但这真的有效吗？

也许你听说过这样一场教育界的“人机大战”：“松鼠AI”与真人教师分别给同等程度的中学生上4天的课，最后来了一场测验。而令人吃惊的是，“松鼠AI”教出的学生成绩远远超过了真人教师的学生成绩，在平均提分上，人工智能以36.13分超过了真人教师的26.18分。人工智能到底有怎样的“魔力”，能帮助学生提高这么多分？其中一点很重要的原因，就是“松鼠AI”把知识点拆分得很细（也就是“纳米级”分解），通过学生在系统中一步一步测试，机器会不断地给出未知的题目，来诊断学生的问题到底是出在哪个知识点上。举个例子，比如小明在做英语卷子时错了一道“代词”相关的题目，系统要找出题目做错的原因。由于系统中的结构化的知识图谱划分得很细，机器就可以测出来是人称代词不会，或是物主代词不会，还是反身代词不会。如果是人称代词不会，那么机器又可以通过题目，测出你在哪一种人称代词的哪一种用法中有了问题，小明只需要针对这一个小的知识点进行练习就可以了。这样，机器给出的题目都是根据每个学生的能力进行制定的，每一个学生做到的题目都是不同的，生成的学习报告也是不同的。以前学生们在“题海战术”中苦苦练习，却未必能找到自己尚未突破的知识点。而现在通过机器，学生们能很快找到自己的问题所在，并能获得相对应的练习。

“松鼠AI”的“人机大战”

在不远的将来，人工智能将真正担起“解惑”的任务。机器不仅能直接、迅速地为学生解答疑惑，还能分析学生的错题，并根据学生的情况制定新的学习内容。这种精准的查漏补缺能将学生从题海战术中拯救出来，更高效地“补短板”，这些也正是“上大课”的老师们无法做到的。

二、人工智能“授业”：更生动的课堂

我们所说的人工智能“授业”，并不是真的用机器人给孩子们上课，而是用人工智能技术来辅助老师上课。孩子们为什么不愿意上学，却更愿意去游乐园？因为上学太枯燥，整天坐在小小的课桌前，对着一张张印刷着题目的纸，难得可以出去玩的体育课还会被其他课的老师占领。有的孩子把学校比喻为“监狱”，课业繁重时，只能透过一扇扇窗户看外面的世界，确实和“监狱”有的一拼。那么，如果把学校变成“游乐园”，孩子们是否更愿意上学呢？我们说的“游乐园”，并不是让孩子们天天在学校玩耍，而是用“玩”的形式，获取课堂基础知识。

想一下，体育课、美术课、音乐课、劳技课、计算机课等之所以能获得孩子们的青睐，其中一个原因就是这些课程的“实操”时间大于凭空想象的时间。而历史课、数学课、物理课、化学课之所以令人“昏昏欲睡”，也正是因为孩子们需要花费大量的精力在“想象”上。历史课上，我们只知道哥伦布发现了美洲新大陆，但却不能跟随他的眼睛看到当时的美洲。数学课上，长方体的切割、拼凑似乎不仅考验着“想象”，还考验“画功”。再比如在物理课上，是不是又要想象有那么一个被毫无摩擦的平面，想象这个小球会不停地滚动？化学课上，分子与分子之间发生的反应都是靠推理得出的，却没几个实验能做。孩子们的脑袋不停地想啊想啊，想着想着就跑去见周公了。

但是，有了人工智能，省去了不少“想象”的工夫，知识变得触手可及。以化学科目中的元素周期表为例，学生们只需打开MyLab这一应用程序，并戴上微软的HoloLens头显，就可以看到“悬浮空中”的元素周期表。当学生们用手点击虚拟元素周期表中任意一种自己想要了解的元素时，这个元素的结构就会展现在眼前。学生们还可以用手拖动这些元素，并与其他元素产生反应。这是不是就比单纯地背诵“氢氦锂铍硼”更生动有趣得多？同样，VR技术也可以让学生们在虚拟的世界中完成化学实验。虽然普通的教学中也有化学实验，但是做实验比较费材料，也有一定的危险性。而在VR中做实验，既不危险，也不浪费材料，想做几次实验就做几次实验，而且实验过程就和真的一样。比如“镁的燃烧”实验，学生们头戴VR眼镜，通过控制电子手柄，就可以控制两只虚拟的手拿镊子、夹镁条、点燃镁条，还可以看到镁条点燃后放射出的强光和最终的生成物。

MyLab VR

说到这里，我们的物理老师可能会很委屈：“我们不怕费材料，也不怕有危险，就是场地限制太大。比如说要让同学们直观地理解失重，总不可能去太空做实验吧？”确实，很多物理实验都受到场地的限制，现实生活中不可能找到绝对光滑的平面，也很难呈现处于失重状态的小球。也许你还记得“神舟十号”宇航员在天宫一号中演示的失重实验，孩子们都感到新鲜有趣，但是却无法亲身体验。而现在，孩子们只要戴上VR眼镜，就可以在虚拟的宇宙中做实验，亲眼看到失重的小球；也可以在一个虚拟的光滑平面上，看小球一直不停地运动。总之，现实生活中不可能做或者很难做的实验，都可以让孩子们在VR世界中亲身体验。

AR与VR技术不仅能在中学教学中使用，在大学教学中一样适用。比如对于医学专业的学生来说，理论知识也是抽象的、无聊的，他们需要花费大量的精力去“想象”器官的构造。但是当他们戴上一个VR头显设备、AR眼镜，就可以对教学模型进行三维模拟，将三维对象与所学知识相关联，死板的知识点顿时变成可触摸的立体形象了。动脉、静脉、心脏等细节被放大了好几倍，通过手柄还能看到各种器官的介绍，这一学习体验比传统的学习方式更加生动，医学专业学生对这些理论知识也更容易掌握。

除了理论知识，目前的临床模拟教学主要是围绕塑料人体模型、捐赠遗体的方式开展的，而人体模型毕竟只是模型，不仅成本高，教学过程也不够灵活。而捐赠遗体比人体模型更加真实，但同时也更加稀缺。如果将AR与VR技术引入教学，医学生就能够从不同的角度来观察虚拟的人体，分离结构，并能够对细节部分自由缩放，这样就减少了教学成本，而且提高了学习效率。爱尔兰的3D4Medical实验室就推出了一款Project Esper应用，能够利用AR技术进行解剖教学。用户既能利用AR头显设备的手势识别操作虚拟的人体3D模型，又能看到头部骨骼解剖的立体影像，还能顺着用户的手势观察头部不同位置的横

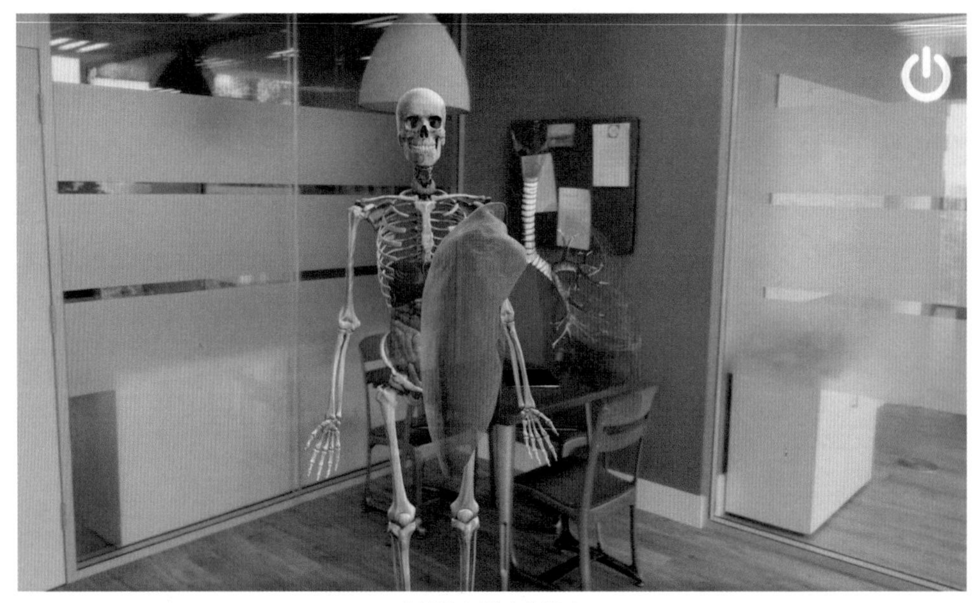

虚拟的各种人体器官

截面。

对于医学生来说，他们的“课堂”不仅在教室里，还在医院里。学生们会进入医院，观摩有经验的医生做手术。但即使学生们有观摩手术的机会，也会因为手术室的消毒标准而对观摩人数有所限制，站在后排的学生根本看不清手术的进程。不仅如此，有些难度很大的手术可能不会选择让学生观摩，虽然这是为了安全着想，但手术难度越大，就越需要学生近距离地学习。这种矛盾该如何解决呢？手术转播固然是一种方式。但以往微创手术的转播只能看到内窥镜下的图像，无法看到手术室中的整体情况，而且只能在固定的一个角度观看，无法全方位地把握手术技巧。

也许VR直播对手术教学更有效。早在2016年，上海交通大学附属瑞金医院已经实现了利用VR技术帮助学生身临其境地观摩医生实施3D腹腔镜手术。有了VR直播技术，学生只需要佩戴好VR眼镜，扭转头部，就可以全方位地看到手术室中主刀医生、助理医生、麻醉师以及护士的在手术的情况，还能通过画面选择，切换到主刀医生的视角来观看手术。不过，“光看不练假把式”，仅仅观摩是不够的，再真实的观摩也比不上一次实操。瑞金医院正在朝这一方向努力，满足学生进行虚拟手术培训的需求。而芝加哥的Level EX公司研发了一款名为Airway EX的手机应用，这是一款为麻醉医师、耳鼻喉科医师、急症室医生等设计的外科手术模拟游戏，游戏可以为医生提供在真实病患案例身上进行18种不同虚拟手术的机会，而且病人会像真实的情况那样有相应的反应，如咳嗽、流血等。不过，既然是虚拟的，就可以反复练习，失败了也没关系。这无疑将提升学生的熟练度，为将来真正站在手术台上动手术做好准备。

实现手术直播，只需要一部手机和插入式VR眼镜

无论是中学还是大学，当课堂与AR与VR技术结合起来，无疑将调动学生们学习的积极性。上学可能不再是一件令人痛苦的事了，将来家长、老师们不用再逼着孩子们低头念书，孩子们自己就会戴上AR与VR设备，用手脑结合的方式进行轻松、有趣的学习。

三、"传道"依旧是人类教师的特权

说完前面的内容，一定有老师要吐苦水了："现在人工智能什么活都能插一脚，还要我们教师有什么用？"人工智能会抢走教师饭碗吗？我们先来想想，在过去的几年中，计算机、互联网的到来对教师有什么影响。乔布斯曾提出了一个著名的"乔布斯之问"："为什么计算机改变了几乎所有领域，却唯独对学校教育的影响小得令人吃惊？"对于这一点，很多人都有切身体会。十年前的学校和现在的学校相比，好像也没什么大变化。除了教室里多了几块电子屏，学生们多了一点网上的家庭作业，考试题目根据考纲有些变化以外，教育依然是应试化教育，没有一个教师会因为计算机的到来而失业。那么，人工智能的到来会撼动教师的地位吗？英国广播电台（BBC）基于剑桥大学研究者的数据体系分析了多个职业未来的"被淘汰概率"，高居榜首的有电话推销员、打字员、会计，而教师的被淘汰概率只有0.4%，几乎是人工智能无法撼动的"铁饭碗"。

看来这几十年间，教师几乎都是一个"铁饭碗"。但是这个"铁饭碗"到底"铁"在哪里？人工智能时代和互联网时代可不一样。互联网到来时，国内的教育是"换汤不换药"，老师依旧是应试的老师，只不过多了一些"高科技"手段。而人工智能到来时，如果教师依然是应试教师，只把人工智能当手段，那么这饭碗就一点都不"铁"了。我们先前说，人工智能可以答疑解惑，帮助孩子们很好地吸收知识，完成巩固、测验，甚至比人类教师更能提高学生成绩。从这个角度看，人类教师没有丝毫优势。但是，教师的工作远不止于"授业""解惑"。细心的读者会发现，我们还剩"传道"没有讲。我们之前提到的栗浩洋先生就指出，在未来，老师在教学过程中的作用能降到20%，主要承担沟通、育人的工作。这一工作，实际上就是"传道"。人工智能时代，教师饭碗的“铁”，就“铁”在这“传道”上。在本章的开头，我们讨论了“传道”的内涵：既指为学生指明方向，传授道理，引导学生探索真理，又指培养学生良好的思想品德。人工智能只能做一些机械的、有规律的工作，至于“传道”，就寸步难行了。教育不仅仅是知识的传授，更是对学生道德品质、人文精神的培养，“传道”要远远比“授业”更重要。可惜的是，“传道”一直被忽略在角落。当然，这也不能怪教师。教师被繁重的工作限制在了条条框框里，根本无暇顾及“传道”。以考试阅卷为例，不知道现在的校园里还流不流传这么一句俗语：“考考考，老师的法宝；分分分，学生的命根。”确实，为了检测出学生们的不足，考试是不可缺少的，但也最令人头疼。不仅学生们头疼，老师也头疼。不仅要加班批改试卷，而且到后来，会两眼昏花、手腕酸痛，难免会有批错的情况出现。尤其是语文老师，在批阅学生的上百篇作文简直就像是一大“酷刑”。而人工智能的诞生则能将老师们从“苦海”中解脱出来，帮助老师们阅卷、改卷。我们知道，现在的考试中的选择题部分已经可以交由机器进行批改了，而如果要实现真正的“机器阅卷”，难度就在于主观题部分的批阅。

如今，机器对主观题的评阅也有了很大的进展。教育部考试中心主办的核心期刊《中国考试》在2018年第6期刊载了一篇文章，名为《人工智能评测技术在大规模中英文作文阅卷中的应用探索》，说白了，就是测试了人工智能评测语文、英语作文的能力。结果表明，人工智能阅卷水平基本上达到了评卷教师的水平。有读者可能会产生疑问，我们之前说，人工智能没有很好的阅读理解能力，怎么就能评出作文的好坏呢？其实，人工智能评分与是否“理解”作文无关。我们知道，中考、高考作文和文学作品不一样，考试作文是有一定的评分标准的，阅卷老师根据这些评分标准来给试卷打分。人工智能也一样，它先对专家评分样本进行深度学习，然后生成评分模型。比如，最基本的一点，是不能有抄袭、错别字、字迹潦草等情况。人工智能的“火眼金睛”一下子就能发现学生作文中的这些情况，并会给予一定的扣分。而得分高的作文通常具有流畅、切题、严谨、立意好、文采好、首尾呼应等特征，人工智能则会通过提取关键字等方式提取作文的特征，检测词汇的丰富程度、句子是否通顺、是否离题、立意是否高远等。同时，这一评分模型在评分的过程中是从头到尾都适用的，不会因为评阅者的个人喜好、疲惫程度而变化，更加客观公正。如果人工智能阅卷得以实现，这将大大减少老师们在这方面投入的精力。

当教师从批卷、改作业这些繁重的工作中解脱出来以后，就更能发扬“传道”精神。

首先，从引导学生探索真理这一角度来说，教师能培养学生的“创新性”，就是培养孩子们的创造力与想象力，让孩子们释放好奇心，而好奇心就是到达真理的一把钥匙。我们常说，要让“中国制造”变成“中国创造”，而这一转变就要从创新型人才的培养做起，孩子们需要少死记硬背，多尝试新鲜事物。IBM的首席执行官罗睿兰认为，美国教育必须进行彻底的改革，才能应对“人与机器共存时代”的到来。而在国内，马云也曾说：“未来三十年是最佳的超车时代，是重新定义的变革时代。如果我们继续以前的教学方法，对我们的孩子进行记、背、算这些东西，不让孩子去体验，不让他们去尝试琴棋书画，我可以保证，三十年后孩子们找不到工作。”《纽约时报》著名专栏作家托马斯·弗里德曼提出了一个公式“CQ+PQ>IQ”，CQ代表着好奇心商，PQ代表着激情商，IQ就是智商，可见他对好奇心、学习热情的重视。而且，他认为学生应多多开发主导创新的右脑，而不是强调理性的左脑，因为即使左脑发达到了顶端，也比不过计算机。由此看来，老师则担负着培养学生创新能力的重担。人工智能进入教育领域之前，老师们的工作被批作业、改卷、灌输知识等机械工作占领，而“人工智能助教”出现后，老师们省下的精力就可以用在培养学生的创新能力和创新意识上了。而培养学生创新能力的前提，是老师们自己也得有一定的创造力。以以色列为例，曾任以色列教育部部长的夏伊·皮隆认为，优秀的教师应当“给每个学生话语权，让他们可以开诚布公地发表看法”，“会讲故事，能把枯燥的学科内容表述得生动有趣”，“能引导学生连接历史、现在与未来，激发他们的思想”，而这些正是人工智能无法带给学生的。

其次，从培养学生良好的思想品德这一角度来说，著名教育家、思想家陶行知就曾说：“千教万教，教人求真；千学万学，学做真人。”寥寥几笔，就点出了老师教学的最终目标：教育学生成为真诚、守信之人。也就是说，老师应当为学生们树立正确的价值观，认识社会，认识自我，使他们能成为一个“人”。人工智能在这方面有何局限性呢？我们知道，人工智能并不具备心理属性，也不具备主动的社交能力，要它去分析学生的所思所想，目前看来是非常难的，同情心、共情能力等是它所无法理解的，更不要说把这些能力教给学生们了。因此，人类教师就担起了培养学生“人文精神”的任务。在人工智能时代，人文教育变得尤为重要。苹果公司首席执行官蒂姆·库克在麻省理工学院发表演讲时指出，他并不担心人工智能是否会代替人类，也不担心人工智能是否能让计算机拥有人类那样的思维能力，相反，他担心的是人类将会像计算机那样思考问题——摒弃同情心和价值观，并且不计后果。总结来看，他的观点是——科技必须为人性服务。而如果人类的“人性”已经消失，那么科技发展的意义将不复存在。在机器人毁灭世界之前，我们不能先毁灭了自己的文明。因此，未来的老师们需要更重视人文教育，将学生培养成真正的“人”，而非“行走的答题机器”。

概括看来，人工智能能把“授业、解惑”工作做得很好，不仅能高效地解答学生们的疑惑，还能让学生们用更生动的方式汲取知识。但是人工智能进入教育领域，并非成为教师的对手，反而成为一大帮手，甚至还能重构教育的过程。美国著名哲学家、教育家约翰·杜威曾说：“以昨日之法，教我们今天的孩子，将使他们失去明天。”过去的教育理念是“知识就是力量”，而人工智能时代的教育理念应当是“创造知识才是生产力”。这对于孩子们来说，可以更加快乐地进行他们的发明创造，而对于老师来说，则可以从重复而繁重的工作中解脱出来，给他们更多时间去实现教师真正的价值：“传道”，这一点正是人工智能还无法做到的。韩愈在唐代就将“传道”放在了第一位，经历了上千年，我们是否还能传承这一“古学者之师”的教学传统呢？

第七章

零售流通

更高效的赚钱方式

人工智能在人类生活中的应用涉及衣、食、住、行等方方面面：穿衣服，智能镜子帮你搭配；吃生鲜，“无人车”能把新鲜食材迅速地送到你家；住房子，智能家居能把你的家安排得妥妥帖帖；出个门，智能驾驶能让你解放双手，放任汽车自己把你送到目的地。甚至你出门买东西不用掏手机、掏钱包付钱，想要维权、申诉时机器人直接帮你写申诉信，想要投资理财时机器人也能为你私人订制投资方案……人工智能正在一步一步渗透进人们的日常生活，并满足人们的各种需要。在这一章中，我们将介绍人工智能在其他各种领域的应用，包括了新零售、智能家居、智能投资顾问、机器人律师以及智能驾驶，探讨人工智能给人类生活带来的实实在在的变化。

一、新零售：更好的购物体验

人工智能如何推动零售行业？我们先来为大家介绍零售业的新趋势——“新零售”。在2016年10月的阿里云栖大会上，阿里巴巴创始人马云在演讲中第一次提出了“新零售”的概念，他认为新零售的核心是“线上+线下”，也就是将线上的电商平台与线下实体店零售相结合，线上、线下“化干戈为玉帛”。此言一出，立即有商界大佬提出反对，最著名的是与马云同处杭州的中国商业领袖级人物、杭州娃哈哈董事长宗庆后，他在中央电视台《对话》栏目中公开批评马云的新零售是“胡说八道”，把实体经济的价格体系全搞乱了，而马云则在访谈中反驳说宗庆后一类人就像躲在茧里，对旧的经济模式太过执着，后来在浙商大会上，时任浙江省委书记的李强把这两位浙商“大佬”的手拉在一起，算是调和。这些商界“大佬”们的争论也使人们对新零售这一概念更为关注。更令人吃惊的是，马云认为在未来的十年、二十年间，“电子商务”的说法将会消失，取而代之的只有“新零售”。这简直让人目瞪口呆：什么？马云作为电商巨头，是要革自己的命吗？

话说从头，我们知道20世纪二三十年代的十里洋场的上海滩南京路上曾经出现了四家著名的百货公司：“先施”“永安”“新新”“大新”，被誉为“中国四大百货公司”。那时候零售业是个非常高端的行业，它们占据了南京路的黄金地段。一直到改革开放前，因为物资短缺，要想当营业员，那还得动用一些“关系”，他们的地位比老师还高。但随着改革开放，中国逐步告别短缺经济的年代，1981年，中国的第一家超市——广州的友谊商店自选超市开张了！这可是一件轰动的大事件，开业当天，超市里面人头攒动，一片混乱，这种情况持续了两三个月才有所改善。超市的出现对营业员来说可是灾难，一家超市需要的营业员可比百货店少得多。此后，随着大型综合连锁超市的出现，中国的零售业再次迎来了繁荣。如今，阿里巴巴、京东等电商平台又借助互联网为中国的零售业注入新的血液，掀起了“全民剁手”的浪潮。我们可以发现，由百货商店的凭票购买到超市的开架自选，再到我们现在的网上购物，零售方式真是一次比一次颠覆。

但是，我们终于到了电商也被颠覆的时代了吗？回想这几年，电商对传统线下零售业的冲击可不小，更多样、更便捷、更便宜的网络购物深受人们欢迎，“双十一”的当日交易额每年也在不断地攀升，从2011年淘宝的52亿到2018年天猫的2 135亿，形势看上去越来越好。但是，电商发展的同时，在电商平台各商家之间的竞争也越来越激烈。原来省下的门店租金又交给了电商运营，再加上快递费、包装费，对于商家来说，高昂的成本使得电商平台渐渐失去了明显的优势。而且，经过几年的爆炸式发展，现在电商用户已经接近封顶，增幅逐渐下降，要想再有更进一步的发展，就遭遇了瓶颈。所谓“不进则退”，在这种情况下，各大电商平台试图借助人工智能技术，向“新零售”转型，将“线上+线下”的零售方式进行到底。

任何形式的零售，都要涉及人、货、场地、费用，那么，“新零售”与人工智能有什么关系？其实，刚才说了一大堆新零售如何拯救电商、如何结合线上线下，但如果没有人工智能技术的支持，这些可能只是一种幻想。我这么说，可能还是有点抽象，不如就举一个例子，让大家感受人工智能与“新零售”的碰撞。下面这篇小故事讲述了“双十一”当天大明的购物活动：

“双十一”这天，大明想买几件毛衣。他在网上看来看去，选来选去，最终挑了几件加入了购物车。但是，购物车里的这几件毛衣不算特别称心，而且也不确定穿着是否合身，于是他决定去商场里转转。

大明在商场里等电梯时，电梯前的广告屏幕就已经根据大明的年龄、性别、购买记录做出了反应。大明定睛一看，广告屏幕上显示的不是别的，正是自己曾经在商场里购买过的那些店铺，还给与了相应的上新推荐。大明发现A店中上新了几件帅气的毛衣，于是就打算去A店看看新品。

一踏进A店的门，机器人导购就热情地迎接了大明。大明问机器人：“有没有保暖、素色的男式新品毛衣？之前在广告里看到的。”机器人导购立马回答说：“已经为您找到了合适的款式，检测出您是本店会员，可享新品八折优惠。”大明在店铺中顺利地找到了心仪的毛衣。刚拿起衣服，货架上的显示屏就出现了这件衣服所获得的关注数与试衣次数。没想到，大明选中的这件衣服居然还挺热门的。于是，大明走进了试衣间，试衣间里有一面智能“镜子”，它可以进行智能人脸与身材识别，大明只需要输入几项身材数值，就能看到“镜子”里出现了虚拟的自己。大明可以在“镜子”中为“自己”更换毛衣，在试穿毛衣的同时，智能“镜子”自动为他推荐合适的搭配款式。果然，大明又看中了一条与毛衣搭配的长裤。“镜子”直接提示他这条长裤在店内没有库存，可以在线上购买。于是他直接扫码进入了线上店铺，在线上购买了长裤。大明发现线下商铺的毛衣价格与线上一模一样，于是他放心地在线下店铺中购买了毛衣。没过几天，“无人车”就为他送来了长裤，大明通过验证码轻松地提取了属于他的货物。

这种购物方式简直是“双赢”：企业商家可以利用人工智能技术，了解到消费者的购物偏好、逛街区域、浏览商品等信息，并通过人工智能算法来提升自己的业绩；而客户也能通过智能推荐、智能引导，找到自己心仪的商品。虽然这听起来很像是具有未来感的高科技，但其实已经可以在国内的一些智慧门店中体验到了。比如阿里巴巴就尝试了会推荐搭配的“智能镜子”：在一些实体店中尝试使用人工智能时尚顾问，屏幕会扫描出客户所持产品的标签，识别物品，并给出搭配建议。从这则小故事中可以注意到以下三点：

首先，大明的购物过程就跟网购似的。广告屏幕可以根据购买记录对人们的购买偏好做出预估，就像我们淘宝里的“淘宝头条” “猜你喜欢”栏目，通过各种数据分析，总能猜中我们心里喜欢的东西。机器人导购则像客服一样，不仅能快速识别出会员，还能告知优惠信息、商品信息。货架上的关注数、试衣次数就像电商平台中的收藏数、销量一样直观，“智能镜子”搭配推荐就更不用说了，这简直是电商促进销售的方法。更重要的是，顾客既可以在门店感受实物，而价格又与线上商城同步。进一步说，人们在线上商城的购买、浏览行为又会反过来为线下门店的销售、推广提供数据支持。比如大明这次在A店的官网上购买了一条长裤，下次他到实体店时，机器人导购可能就会为他推荐同类型的长裤。这么一来，是不是觉得线上购物、线下购物傻傻分不清了？这就是所谓“新零售”的一大特点：结合线上与线下。

其次，我们也可以发现，“新零售”购物离不开人工智能技术。个性化广告推广运用到了人脸识别，机器人导购识别会员信息也需要人脸识别，智能镜子需要识别物体，搭配提示则需要机器在进行深度学习之后对物品的款式、风格等进行感知，“无人车”配送、人脸识别提货等服务都是一种人工智能的实际应用。人工智能技术推动了新零售的发展，从贩卖到配送，都有它忙碌的身影。

至于最后一点，我们先不明说。大家仔细看看故事，有没有发现大明购物的过程中少了什么关键的要素？想一下，我们逛街最怕什么？最怕营业员会跟在屁股后头。当他们热情地向你推荐商品时，你只好回答一句“我只是随便看看”，场面一度十分尴尬。而大明的购物流程却如此顺畅快捷，丝毫没有尴尬……对了！大明的购物经历中少了营业员！从进店到购物，一直是机器在引导着顾客，营业员的“存在感”好像很低。有了人工智能，机器都可以回答顾客的问题。甚至在某些“极端”的情况下，收银员都不见了，顾客无须到收银柜台结账，就可以直接走人，“剁手”于无形之间。

“哦，这不就是‘无人售卖’吗？用不着什么人工智能，我们家楼下小卖部的大爷就已经实现了‘无人售卖’，大爷有时候人不在，就放个小盒子在门口，上班的人走得急，拿了东西就走，把钱丢在小盒子里。”小本买卖好像确实可以靠人与人之间的信任实现“无人售卖”，但如果这位大爷开的不是一个小卖部，而是一家百货公司，他还敢靠信任赚钱吗？不仅是他不敢，搁谁谁也不敢呀！而且，我们说的“无人售卖”不仅是取消“收银员”，而且是取消

“收银”。大爷的小卖部门口还放了一个小盒子，这也是“收银”，不是真正意义上的“无人售卖”。因此，如果想做到超市、百货的无人售卖，就要依赖于人工智能技术进行实时监控，并实现线上自动扣款。

美国最大的网络电子商务公司亚马逊，就在西雅图推出了概念型无人超市Amazon Go，它们的宣传语是“不排队，不收银，我们是认真的”。当然，这并不是一家供人白吃白喝的超市。消费者在进店前就需下载好Amazon Go的APP应用，并与自己的亚马逊账号进行绑定。进店时，只要用手机在门口的感应器上一扫，就可以进入超市购物。在Amazon Go的天花板上，布满了一个个人工智能深度感应装置，全面覆盖了整个超市，负责进行“谁对什么东西干了什么”的追踪与识别。当顾客从货架上拿起一件商品时，它会在人工智能感应装置的追踪下自动加入个人虚拟的购物车，当顾客放回商品时，虚拟购物车中的商品又会被扣除。顾客还可以通过APP查看商品的库存情况。当消费者离店时，不需要排队结账，也不需要掏出手机扫描二维码付款，直接离店即可，系统会直接向亚马逊账户发送账单，并进行扣款。由于顾客被摄像头实时监控，偷东西几乎是不可能实现的。有趣的是，2017年11月，亚马逊的几名员工穿上了皮卡丘玩偶服，去超市进行了购物测试，结果系统居然从一模一样的外表中识别到了他们的真身，进行了准确地扣款。当然，有时候系统也会出些小毛病，可能为你少算一杯酸奶的价钱。但是总体来说，无人超市很少犯错，整个购物过程畅通无阻，真是绝佳的购物体验。除了无人商店，美国连锁超市Stop&Shop还将开发出一种我们从未想象过的零售方式——“车轮上的迷你杂货店”。消费者可以用手机呼叫车辆，车辆到达后，消费者可以从车辆上挑选想要购买的商品，购买结束后车辆将继续服务下一个顾客，自动驾驶与无人售卖的结合，简直是“助懒为虐”！

而在国内，运用了人工智能技术的“无人商店”也是遍地开花，而且还做

亚马逊纽约无人零售店开业

出了更多的创新。比如乌镇的天猫无人超市为顾客带来了全新的购物体验：微微一笑能打折！天猫无人超市运用了“行为轨迹分析” “情绪识别”以及“眼球追踪”等人工智能技术。当顾客看着展台上的商品时，系统就会实时捕捉顾客的表情，并计算顾客对该商品的喜好程度，给予不同的折扣，这就是天猫无人超市推出的“Happy购”体验。也就是说，你对展台上的感应仪器笑得越开心，商品的折扣力度越大。在这样的超市购物，不仅过程畅通无阻，而且内心愉悦，心满意足。怪不得以色列科学家、诺贝尔奖获得者达尼埃尔·谢赫特曼，国家科技进步一等奖获得者倪光南院士，都在亲身体验后赞不绝口。

智能广告、智能镜子、无人商店……这些零售界的新宠已经来到了我们身边，让我们的购物活动变得更快捷、更愉悦。就连“新零售”的反对派代表人物宗庆后，也接受“新零售”的理念了！同时，电商的面貌也将焕然一新。在据说，目前对搜索术语的语境理解正在逐渐走出“实验阶段”，早期的初创公司正在兴起，并向第三方零售商销售搜索技术。未来，应用在“电子商务搜索”领域的人工智能可以帮助顾客更加精准和快速地找到心仪的商品。当你不知道某件商品叫什么名字的时候，你只需输入它的形状和颜色，或者输入它的别称代号之类，人工智就能通过你对这些产品的描述来进行自主学习，从而提高搜索效率。在在线和实体商务中，人工智能技术还将被用于识别仿冒产品和欺诈性商标侵权，可以进一步对假货和侵权商品进行分析，降低客户买到假货的风险。

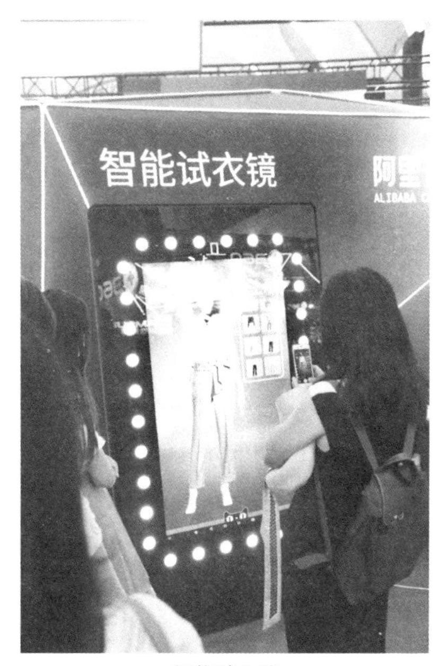

智能试衣镜

二、智能家居：“聪明”的居家新世界

在遥远的20世纪80年代初，有篇中学英文课文描述了未来场景：冰箱、空调、电视甚至窗帘都可以遥控，人们在外面就可拉家里窗帘、开电视……当时我就震惊了，因为那时电视还是稀罕的东西，冰箱、空调更是奢侈品。我被这篇文章深深震撼了，以至于三十多年后的今天我还记得大致内容。过了这么多年，当时这么科幻的场景现今早成为现实，遥控家电、家具已不稀奇，“智能家居”则成了当代人的家居新宠儿。

智能家居，就是通过物联网技术将家中的设备连接到一起，让我们的家居变得更“聪明”，听得懂我们要做什么，看得懂我们在做什么，猜得到我们想做什么，因此国外称其为“Smart Home”。既然叫“智能家居”，就和人工智能脱不开关系。在这里，我们先要纠正一个错误的观念：并不是用手机替代各种遥控器，对家中的电器进行远程操控就算智能家居了。这充其量不过是把多种遥控器合成了一个遥控器，还是需要用户进行手动操作，并非真正的“智能家居”。而真正的“智能家居”需要具备人工智能手段，包括感知模块、语音交互等。

所谓感知模块，就是家居产品能够时刻感知到环境的变化，就跟人一样，有鼻子、有眼睛、有耳朵，比如天气潮湿就提升屋内的干燥度，天气干燥就注意屋内保湿，家中无人就能自动关闭不需要的电器。举个例子，假如你出门后忘记关空调，如果家中的电器只是用手机操控的，那么只有等你想起来这件事，才能用手机APP把空调关了。但智能家居则完全可以自动检测出家中无人，直接把空调关了，不需要户主操心。

所谓语音交互，就是说主人不采用“遥控器”的形式（无论是手机遥控，还是遥控器遥控）来控制家电，而是用“语音”来发出指令。机器能听懂你说的话，并能给予回应，对于某些复杂指令会加以反问、确认，甚至能由此学习主人的生活习惯，建立私人模型，帮助主人做决定，这才叫真正的“智能家居”。

我们知道，电影里这种“Smart Home”并不少见，《钢铁侠》中的超智能管家贾维斯既能帮主人处理各种各样的事务，又能计算各种信息、开发高科技，还能独立思考。不过，电影毕竟是电影，现实生活中的“智能家居”是怎样的呢？早在1984年，世界上第一栋“智能型建筑”就已经诞生在美国康涅狄格州哈特佛市。这些智能型建筑中最“吸睛”的要数1997年比尔·盖茨在美国西雅图的华盛顿湖畔铸成的“未来屋”了，这是全球智能家居经典之作，占地面积约6 600平方米，历经7年精心打造，造价高达1.13亿美元。屋内的光亮、背景音乐、室内温度都由计算机自动控制，访客的个人信息被记录在一枚小小的电子胸针上，当访客进入房间时，计算机会对访客的信息进行接收，并“投其所好”地调整环境，比如播放访客喜爱的音乐、在墙壁上投射喜爱的画作等。简直是神仙住的地方啊！

当然，在几十年后的今天，智能家居早已不是富豪的“专利”。近几年智能家居已经成为一大热点，脸书在2016年发布的人工智能管家跟《钢铁侠》里的管家重名，也叫“贾维斯”。但相比《钢铁侠》中的管家，它就接地气多了：它能调节室内环境、安排会议行程、洗衣服、招待访客，可谓是“上得厅堂，下得厨房”，样样都在行。2016年5月，谷歌在Google I/O开发者大会上推出了全新的Google-Home智能音响，它不仅能执行用户的语音指令，还会询问并记住主人的喜好。同年12月，微软又推出了Home-Hub智能家庭中枢，采用了“平板+音箱”的组合，既有语音交互界面，又有触控操作的界面。国内企业也不甘落后，2017年阿里推出了智能音箱天猫精灵X1，小米也紧跟时代潮流推出了小米智能音箱“小爱同学”。这些智能家居产品虽然没有比尔·盖茨家的那么高科技，但它确实已经走进千家万户，为普通人提供优质的服务。

说了这么多，我们还不知道结合了人工智能的家居生活到底是什么样子。本书的主人公之一小明的家就已经用上了“智能家居”。让我们来看看他的家居生活有什么特别的吧！

有一天，小明的爸妈出差了，小明一个人在家。不用担心，小明虽然还是个孩子，但智能家居能像保姆一样把小明照顾得妥妥帖帖的。早上八点，小明家中自动响起了起床音乐，窗帘被缓缓拉开，面包机已经烤好了面包，果汁机自动倒好了一杯果汁。原本喜欢赖床、不爱吃早饭的小明现在乖乖地坐起身，揉了揉眼睛，问了一声：“今天几度？”家中的智能音箱就给予了一个回应：“今天气温6～13摄氏度，注意保暖哦！”于是，小明穿好了厚厚的毛衣起床。

吃完早餐，小明坐在书桌前开始阅读书籍。他说了一句：“我要开始看书了！”书桌上的灯光就自动调得柔和了一些，还放起了温柔的轻音乐。下午，小明想在家看一场电影，家庭影院模式立即启动：灯光关闭，窗帘拉上，并自动打开了投影仪。小明只需要在沙发上坐好，捧好爆米花就行。晚上，小明还要去隔壁奶奶家吃饭，他只需要说一句："我要出门咯！"家里的空调、电视、WIFI等不需要的家用电器就会自动关闭，扫地机器人也开始干活，在家中进行清洁。

从小明家的例子看来，智能家居能让普通人的生活更便捷、更舒适、更放心。

便捷，就是能让你偷个懒。早上你还没起床的时候，智能家居就已经开始工作，不仅能叫你起床，还能帮你做早餐，上班、上学再也不用担心迟到了；睡觉前不用从温暖的被窝中爬起来关灯，直接对智能助手说一句"我要睡觉了"，就能触发自动关灯功能。

舒适，就是能让你享受"家"的感觉。炎炎夏日，回家之前对着智能手机说一声"把家里的空调打开"，家中的空调就会立即开启，等到了家，就可以直接享受凉爽的环境了；看书、看电影，家里的光线能自动调节，给你更好的娱乐、休闲体验。

安全，就是能让你能放心。这个世界上总有那么一群"强迫症"患者，他们在离开家后，总要反复地回去检查门有没有锁，而智能家居能自动为你锁门，进入时也不需要钥匙，直接用密码、指纹就可以解锁；晚上睡觉、家中无人时，家里的监控摄像头就开始工作，只要一检测到陌生人闯入，就会自动发出警报，并发送消息到户主的手机上。此外，智能家居还能帮助检测户主身体的异常状况。比如我们每天都会用到的"马桶"，一旦与"智能"相结合，它就能在人如厕时自动检查粪便，并通过粪便检测出人身体的异常状况并发出警报。我们都知道"蝴蝶效应"，生活中一个小小的改变都可能发生世界上很大的变化与波动。如果被测出身体异常的是一位上市公司的老总，那么股市就可能受到波动；而如果这是一位政治领袖，整个政局就可能发生变化。或许在未来，“智能小家”将对“社会大家”有着重要的影响。

比尔·盖茨在1995年出版的《未来之路》中预言道：“在不远的未来，没有智能家居系统的住宅会像不能上网的住宅一样不合潮流。”我们现在已经不能忍受不能上网的房子了，住在里面就像原始人的洞窟。也许再过个几年，我们也会不能忍受没有智能家居的房子，遥控器、钥匙也许得进博物馆了？

三、智能投资顾问：股市有风险，人工智能来帮忙

现在，如果人们手里有了闲钱，就会考虑做投资。“股市有风险，投资需谨慎”的教训人人都知道，面对成千上万只股票、各种各样的理财产品，普通人要想加入投资的大军，还是需要一位引路人。这位引路人就是投资顾问。投资顾问在全面了解客户的财务状况以及需求之后，能够帮助客户确定理财目标，为客户量身定制投资方案。能够做投资顾问的，个个都是名校毕业、训练有素的高素质人才，投资顾问行业可是个金领行业，是人人都羡慕的“香饽饽”。但是，近几年出现了一种新的投资顾问，让传统的投资顾问们人人自危。

这位新人名字叫做“智能投资顾问”。它的英文名更直白，叫robot adviser，也就是机器人投资顾问。投资人把钱交给专业的人工智能机器人，由机器人来为投资人定制投资方案。“智能投资顾问”来势汹汹，先在美国卷起了一阵浪潮，出现了以威尔斯弗兰特（Wealth Front）为首的一批互联网金融公司，为中小投资者在内的用户提供互联网投资管理服务。

智能投资顾问的工作流程与人工投资顾问差不多，都是要在了解客户的情况以后再提供建议。人工投资顾问靠交流来了解客户，而智能投资顾问则靠测

评来了解客户。以刚才提到的威尔斯弗兰特公司为例，他们设置的测评问题包括：投资原因、偏好何种理财方式、年龄、收入、家庭、投资总额、期望的收益与风险的承受能力，还有比如“当你遇到了某种情况，你会怎么做”这类更具体问题。通过这些问题，智能投资顾问就能判断出你的风险偏好。对于“保守型”的投资人，智能投资顾问就会推荐收益少，但风险也小的投资方案；对于“激进型”的投资人，智能投资顾问就会推荐收益更多，但风险更大的投资方案。

智能投资顾问的出现听起来像是“换汤不换药”，只是把人换成了机器而已。但要知道，智能投资顾问的出现给理财界带来了不小的冲击！我们先来谈谈大家比较熟悉的人工投资顾问有什么样的特点。人工投资顾问有两点值得注意，那就是：“覆盖小” “主观性”。所谓“覆盖小”，就是说人工投资顾问更偏爱高净值客户，也就是说，他们喜欢接待那些投资金额高的大客户，而投资金额小的客户则很难享受到人工投资顾问的服务；“主观性”就是说，人工投资顾问也会有自己的投资偏好、专业领域、个人利益，比如说有的懂股票不懂期货，有的懂期货不懂股票，或者是为了自己的业绩指导客户过度交易。而且不同的投资顾问会提出不同的投资建议，常常弄得人晕头转向。

那么，智能投资顾问能否做到“覆盖大” “客观性”呢？当然可以！第一，“覆盖大”指的就是它能为普通的散户提供投资建议，而不仅限于高净值客户。也就是说，你手里不需要有几十万、几百万才能去理财，相反，即使你手里只有几千块、几万块，在智能投资顾问这里也可以享受到服务。智能投资顾问不仅“覆盖大”，而且“收费少”，它靠的是“薄利多销”，大量的用户不仅分摊了调研成本，而且带来了大量的佣金。相比之下，人工投资顾问就很吃亏：即使是拥有硕士、博士学历的人工投资顾问，一天也只能服务五六个客户。你让他收取少量佣金，再去接几十万个客户来赚钱，他可能会当场晕过去，这是不可能实现的。第二，智能投资顾问的“客观性”也不容忽视。既然是机器人，那它就是一个“没有感情”的顾问，不受人类干扰，无须人工参与，不会有自己的投资偏好，也不会有争取个人业绩的想法。但是，智能投资顾问到底够不够专业，倒是一个好问题。相比“众口不一”的人工投资顾问，智能投资顾问能不能发挥出稳定、客观的专业水平？

我们先来解析一下智能投资顾问的原理。智能投资顾问是量化投资的核心应用，它之所以能为人们提供投资建议，是因为它能对大量的投资数据进行分析，在“题海”中汲取营养。以股票为例，股票的涨跌是有一定规律可循的，并可以通过量化模型进行分析。智能投资顾问正是对以前有代表性的股票数据做出分析，找出这些股票涨跌的规律。训练一个阶段后，它就要参加一次“阶段测试”——独立地对未来股票的涨势做出判断。如果这一判断的成功率、准确率不能达到预期的标准，那它就需要继续不断地学，直到符合一定的标准。要知道，找规律、根据规律做出预测都是人工智能的强项，学成后的系统要比大多数人判断股票准确得多。不过，投资可不仅仅是股票的“追涨杀跌”，更注重合理的资产配置：多少钱存银行、多少钱买股票、多少钱买债券等，使总体资产有所增值。智能投资顾问当然不会忽略资产配置的重要性，它有一套自己的智能算法和数据理论模型，能为每位客户量身定制最佳投资组合，并根据市场时刻跟进调整，为客户建立动态模型。

这样，智能投资顾问就在“花多少钱投资” “投资给哪一种细分产品” “要不要更改投资组合”这三个方面为客户提出建议，最后甚至还能为你执行交易，好像都没理财师什么事了。确实，人工智能对金融业的冲击是不小的，华尔街“大牛”们纷纷启用人工智能产品来代替基金经理，著名的瑞士银行UBS交易大厅由繁华热闹变成了空旷冷清。而在中国，智能投资顾问也得到了迅猛的发展。据权威在线统计数据门户Statista数据显示，2018年，全球智能投资顾问管理的资产规模已达到3 979.72亿美元，年增长率达63%，用户数量超过了2 500万人，年增长率高达99.1%，其发展速度令人咋舌。传统的人工投资顾问还有“活路”吗？从目前来看，智能投资顾问不会占领整个市场。智能投资顾问与人工投资顾问之间的关系可谓是“井水不犯河水”，智能投资顾问可以负责追求快捷、简单的小额投资，人工投资顾问则继续负责他想负责的大额投资、私人客户，毕竟还有很多人觉得把大数目的钱交给“人”来打理更放心。不过，也不能保证未来机器人是否将远远超越人类投资顾问。据金融数据服务商Kensho创始人预计，到2026年，有33%～50%的金融业工作人员会失去工作，被人工智能所取代。试想一下，如果你是老板，你会雇用一群年薪35万美元的分析师，还是一分钟就能做完工作的高效低价机器人？你肯定会选择后者。到那时，智能投资顾问的水平噌噌上涨，人们当然也开始更信任机器，就连华尔街的精英们都要向硅谷程序员低头，更不用说那些底层的理财师们了。所谓“识时务者为俊杰”，理财师们的转型真是迫在眉睫！

四、机器人律师：更低的费用、更方便的流程

在法律行业，情况和前面的零售业、家居、金融业不太一样。我们前面说，互联网科技对零售业、家居、金融业有着重要的推动作用，但是法律行业对互联网的反应却特别迟缓。《金融时报》认为：“手术现在可以由机器来完成，或者远程操作。建筑师利用数字工具来设计建筑。然而，有一个行业还一切照旧，就好像技术从未被发明一样。这个行业就是法律”。确实，法律行业仿佛有一道天然的屏障，把技术、科技挡在了屏障之外。

那么，随着近两年人工智能的高速发展，法律行业之“盾”能抵挡住人工智能的“矛”吗？我们先来看一场律政界的“人机大战”。记性好的读者可能

还记得，这已经是本书所描述的第三场人机大战了，围棋界、教育界都在人机大战中“失守”，律政界又如何呢？

2018年8月16日，在重庆举办的这场人机大赛非常“吸睛”，参赛选手是一位法律机器人“大牛”，以及在全国招募的6名资深律师。双方可谓势均力敌，机器人“大牛”身上有150多项专利，而6名律师也都是法学硕士以上学位，并都有5年以上从业经历。他们需要对两道现场抽取的案例题进行案件咨询，并从调查法律事实的完整度、结论的准确性以及完成咨询意见书的时长三个角度来进行考察评比。过程我们就略过不说了，当场有公证员进行监督，人与机器人属于公平竞争。结果如何呢？机器人奇迹般地赢过了所有的律师，近乎完美地赢得了“一打六”的比赛。在完整度方面，大牛在这两个案例上取得了99%、98%的优异成绩，而人类律师的平均完整度为93%、43%；在结论的准确度方面，大牛取得了99%、100%的成绩，而人类律师的平均准确度为86%、53%，在完成速度方面，六位律师平均用了59分钟、64分钟来处理这两个案例，而大牛则仅仅使用了7分钟、8分钟就完成了，真是匪夷所思！

由这场人机大战中我们可以预见到：机器人律师的出现将给律政行业带来很大的转变。英国著名法学学者理查德·萨斯坎德（Richard Susskind）在《法律人的明天会怎样：法律职业的未来》中指出：在法律行业，200年内对其改变最大的就是人工智能。此话不假，无论是在国内，还是在国外，有很多像“大牛”一样的机器人律师已经投入了应用，它们的出现有望解决我国法律界存在的很多问题。首先，机器人律师有望解决律师资源的稀缺。目前，我国诉讼案件已经达到了千万级别，但是律师的数量却还未突破四十万。不过，现在有了“一个顶十”的智能机器人，律师的队伍处理案件的能力不少。其次，是普通人最关心的律师费用的问题。我们知道律师咨询都是按小时收费，这笔费用可不小，电视剧里那些逢事就要“找律师”的也都是有钱有势的角色，并不是人人都能请得起律师的。从统计数据来看，2016年全国所有的诉讼案件中只有20%左右请了律师，大多数人都是自己为自己辩护。其中的一大原因，就是费用高昂。而对于机器人律师来说，它们却能用便宜的价格为当事人提供法律援助。在了解案情后，它们能为当事人厘清自己在辩护过程中需要突出的重点与关键点，一些简单、普通的咨询甚至可以是免费的，人人都能享受到“律师”优质而低廉的服务。

当然，这些机器人律师暂时还无法胜任“诉讼律师”的工作。由于辩护口才、技巧、策略等技能的缺乏，它们还不太可能站到法庭上为当事人进行慷慨激昂地辩护。但它们却已经能胜任一部分“非诉讼律师”的工作。根据机器人律师的功能，我们不如把它们分为三类：

第一类属于“知识渊博型”机器人，它们饱读诗书，有巨大的法律法规库，并能迅速地从中找到相应的法律条文以及案例。比如国内的机器人“罗伊”，它的名字就来自于英文“Lawyer（律师）”的音译。人们只需要站在“罗伊”周围呼唤它的名字，他就能自动识别出发声位置，并“扭过头”回答你的法律咨询。它的专业领域包括了婚姻、继承、民间借贷、侵权、交通事故、劳动争议等方面，与普通大众的生活息息相关。当人们想要进行简单的法律咨询时，就不用再前往律师事务所，并支付高额的律师咨询费了。同时，这类机器人也能帮助律师从成千上万种法律文件中找出支持目标案件的材料。比如机器人“Ross”，它已经被美国最大的律师事务所之一Baker Hostetler“雇用”了。它的工作是协助律师处理破产类案件。以前律师们只能采用普通的检索方式，浪费了大把时间。现在，律师们只要稍等一杯咖啡的时间，就能享受Ross准确而迅速的“思考”成果。对于这一成果，律师们可以选择应用，也可以选择否定，主导权还是在人类律师的手上。

第二类属于“勤俭节约型”机器人，能够在合同签订方面帮助用户节省时间、节省成本。可别小瞧了签合同这个过程。从合同申请、内容交互、合同生成、下载打印，到邮寄对方、对方盖章、回寄我方，一份合同生成的时间几乎要20多天。再加上负责合同的工作人员跑来跑去的劳动，邮寄、打印的成本费，要签一份合同可真是不容易。以海尔公司为例，每年有90万份合同需要签订，海尔的专业律师团队也将大部分精力集中在合同审批上。对于一家大公司来说，节省签订合同带来的人力、物力的消耗是非常重要的。现在，律师团队都“改行”经营海尔开发的“智能合约平台”了，通过这个智能合约平台，20多天的合同生成时间能压缩至2天，效率大大提高。这是如何做到的呢？实际上，智能合约平台能通过人工智能算法数据，把合同区分为标准模块和非标准模块。而各类非标准模块都将被标准化，各类合约的写作格式、规范将被完善，用户可以自主组合模块，使用标准化的模板进行事前公议，节省了合同起草的时间；在订约过程中，能够实现线上同步可视化交互，节省了多方重复审阅合同的时间，交互记录也将被汇总到海尔大数据库，并利用区块链技术进行同步记录，固化合同签署证据，防止被篡改；最终，合约双方就可以直接进行线上签约并存证，不需要将合同寄来寄去。这样，从合同签订前，到合同签订完成，每一步都能够节省人力、物力，还能保证合同的法律效力，签合同再也不是一件麻烦事了。

第三类属于“律师见打型”机器人，就是律师见了这类机器人都想“打一顿”，因为它们“抢”了律师的工作，能够代替律师帮普通人用理性的、合法的方式提交申诉。比如在美国上线的“DoNotPay（不付钱）”聊天机器人，就能帮人们完成大部分申诉流程。我们来设想一下，如果有一天你收到了一张违规停车罚单，但你仔细想来，觉得自己好像挺委屈的，如果进行申诉也许就能消掉这张罚单。但是应该怎么申诉呢？自己既不懂申诉手续，也不懂停车法规，聘请律师办理罚单？不不不，这简直是小题大做，万一折腾半天还是得罚钱，岂不是赔了夫人又折兵？算了算了，认栽吧，反正也没被罚很多钱。但是，有那么一位英国小哥约书亚·布劳德（Joshua Browder），他就是不认栽，势要与这种不合理的罚单硬“怼”到底，最后选择了走申诉流程。这位小哥就是DoNotPay机器人律师的创造者，他不仅自己选择走申诉流程，还想要帮助大家走申诉流程，解决“申诉难”的问题。用户只要登录这个网站，输入自己的问题，机器人就会根据用户的需求，像一名专业的律师一样，向用户提出一系列的问题，以确认他是否有充分、合理的理由进行申诉。最后，如果用户确定选择申诉，它甚至能帮忙写出申诉信，用户只需要最终的签字、打印，并交予机构。据说在它的帮助下，已经有超过37.5万张违规停车罚单被取消掉。不仅如此，DoNotPay还能帮用户寻求飞机晚点的赔偿、反对拆迁、挑战金融领域中的欺诈指控、申请产假、获得购物退货的退款等，更为难得的是，布劳德还考虑到孤苦无依、生活拮据的难民们，当他们遇到法律问题时也同样需要公平的裁决，DoNotPay能为他们提供法律援助，帮助他们了解异国的法律体系。最关键的一点是，DoNotPay申诉全过程真的是“不付钱”！布劳德曾说：“整个法律产业价值2 000亿美元，但我想让打官司变免费。”看来布劳德有一颗“叛逆”的心，但他也确实用自己的力量在改变着这个世界。这一程序能为英美两国的民众提供1 000余项法律服务，正在各方各面为各种用户争取平等法律权利。

总结来看，这三类机器人律师有的有专业知识，有的有专业技能，还有的甚至能直接把律师给代替掉，真是轻松搞定了昂贵的法律咨询与麻烦的申诉流程。它们将给大众提供易得的法律服务，并解决法律援助不足的问题。俄罗斯最大的银行Sberbank曾宣布，他们将大量使用机器人律师，这将导致超过3 000名银行律师失业，只留下了少数律师来处理诉讼和紧急事务。未来，也许一个小小的聊天机器人就可以处理线上购物的争议；智能合同管理可以减少合同纠纷，从而有助于实现无讼社会的目标。研究表明，在15年内，机器人和人工智能将会主导法律实践，也许将给律师事务所带来“结构性坍塌”，法律服务市场的面貌将会发生巨大的改观。

面对人工智能汹涌的来势，律师们是否人人自危了？不过，也有人认为机器人律师很难战争取代真人律师，在复杂、多变的法律实践中没什么可被量化的规则供机器人套用，它们只能做做查询、检索这样的基础工作，最多导致律师助理的失业。虽然未来的事谁也说不准，但我们能肯定的是，未来的律师事务所中一定少不了人工智能的身影，就像如今的律师事务所中一定会有计算机一样。

五、智能营销

从顾客的角度来说，新零售能带来更好的购物体验，而从商家的角度来说，人工智能营销又是一个不得不说到的话题。我先来讲一个故事：有个年轻人失业了，好不容易应聘到了一家公司的电话销售岗位，待遇挺不错，但他没过多久就辞职了。朋友问他辞职的原因，他说有一天接到一个同行的销售电话，向他推销某个产品。他详细询问了产品的各种功能，那个同行回答得很专业，有条不紊。他从心里佩服对方的业务能力，结果事后却得知对方是机器人。既然机器人都能做得这么好，自己从事的这个行业还有前途吗？于是，他就递交了辞呈。

能说会道的电话销售机器人固然令人惊叹，但它确实是人工智能营销中最简单的案例，人工智能营销远不止于此。还是拿大明购物的案例来说吧，大明在等电梯时，电梯前的广告屏幕做出的个性化广告投放，就是一种人工智能营销。它涉及“对谁投什么产品的广告”“通过何种渠道投放广告”“如何用广告创意吸引目光”种种方面。

我们就从这三个方面开始说起。

首先是“对谁投什么产品的广告”，也就是“精准投放”。当我们打开微博和朋友圈，有人会在页面中看到某化妆品广告，有人会在页面中看到汽车广告，而这一切都不是随机安排的，而是广告有目的地“找到”了你。假如你最近想要购买一辆车，并曾经在微博上搜索过“某品牌汽车”，那么之后几天微博首页上就很可能为你推送相关品牌汽车的信息，甚至当你浏览网页时，右下角的弹窗也出现了汽车广告。其实，在你搜索、浏览行为的背后，你已经被贴上了种种标签：“男性”“30岁” “一线城市白领”“最近想买车”等，都可以成为精准投放的依据，而有了人工智能的助力，用户数据将被分析得更为精准和全面。在汽车品牌东风风神的一个营销案例中，就采用了人脸识别技术，明确判定了用户的性别以及年龄特征，据此推送相应的信息。而百度则用人工智能整合了线上和线下的数据，不仅能够在京东、唯品会、苏宁易购等线上平台上捕捉用户的搜索记录、浏览历史等线上行为，还能结合消费者线下的地理位置信息，获取用户的线下生活轨迹，从而为消费者找到合适的商品。百度推出了“聚屏”这一产品，利用广告屏幕上的人脸识别来确认用户信息与身份，洞察其消费欲望并实行精准投放。阿里文娱智能营销平台的广告语是“智达于心”，意在触及消费者和广告主的“心”，知道他们内心所想，从而将广告有效投放给目标人群。据其研发部总经理程道放介绍，他们将凭借人工智能技术，把平台上的用户行为数据与阿里电商类的用户数据相结合，构建精准的用户画像，从而实现全面整合，精准投放。腾讯公司也没有闲着，腾讯智能营销云则通过Marketing API，将品牌自有数据与QQ、微信等腾讯社交数据、流量相结合，实行定向投放。

其次是“通过何种渠道投放广告”。到底是在微博热搜、开屏中投放，还是在腾讯信息流、小游戏中投放，或者在其他多种多样的平台投放，这些都是广告主要思考的问题。随着当今的信息爆炸，网络平台越来越多，这一问题也越来越复杂。如果纯凭经验投放，可能会出现部分潜在客户无法覆盖，或者重复覆盖的问题。而有了人工智能，这一问题将得到解决，它能对每一位不同用户的触达频次和方式进行动态调整，协助广告主用“组合”的形式实现广告投放。举个例子，假如你是一位想要购买手机的消费者，当你第一次在微博开屏中看到某手机品牌的广告时，你可能不会在意，也不会点进去看；当你第二次在信息流中看到该手机品牌的广告时，可能会稍加留意，但还未到购买的地步；当你第三次在商场的广告屏中看到该手机广告时，可能就会走进门店深入了解信息，最终购买。这一套“开屏、信息流、广告屏”的组合，就是人工智能为你量身打造的营销方式。百度率先提出了“精准饱和式攻击”的概念，在与捷豹路虎的合作中，为12个精准人群包提供了36套不同的投放组合，并通过对人群的搜索意图、关键购买因素、点击流量等数据进行挖掘，进行多角度的广告投放，再根据消费者的数据反馈，对投放策略进行优化与调整。据称，捷豹路虎推广的点击率高出了行业平均水平的21%。再如在惠普参加人工智能营销创想季的案例中，就针对不同的客户群体采用“开屏、信息流、MCN优质原创内容”的组合投放，提升品牌的认知度与美誉度。

最后是“如何用广告创意吸引目光”。海报？视频？小程序？游戏？无论采用哪种形式，有两点是十分重要的：第一点是创意，第二点是投其所好。对于人工智能来说，这两种都不在话下。先看“创意”。将人工智能结合广告创意的数不胜数，美妆品牌丝芙兰与加拿大美妆电商ModiFace合作，推出AR试妆。加拿大可口可乐与音乐平台Spotify合作，设计了一款AR播放器，消费者可以用APP扫描可乐瓶身，就能播放189种特别播放列表中的音乐。哈根达斯还推出了一款APP，消费者只要打开程序用手机摄像头对准哈根达斯商标，手机上就会出现一位虚拟的人物演奏小提琴。更妙的是，这位小提琴演奏者的演奏时长约为两分钟，而哈根达斯恰好在融化两分钟后口感最佳，显然这是结合产品特点进行人为设计的。当然，如果你要说优秀的广告人也能做出好的广告创意，那么“投其所好”，为每位消费者量身定制吸引眼球的广告创意，则是广告人难以做到的。但是对于善于处理大数据的人工智能来说，这一点是小菜一碟。百度搜索公司总裁向海龙表示：“人工智能相比人类创意人员而言，掌握数据更丰富、更快速、能够更精准地把握用户当前痛点。” 人工智能可以为不同用户提供不同的创意，比如同一部手机，如果是面向爱美的女性，广告词可以侧重于自拍功能；如果是面向热爱手机游戏的青年，广告词则会侧重于极速的游戏体验。人工智能甚至能自动生成不同风格、不同侧重的广告词。以阿里妈妈人工智能智能文案为例，对于“粉底液”一类，人工智能可以写出暖心风格“时间流过，你还是妈妈心中的宝贝”，也可以写出功能描述风格“提亮肤色遮瑕粉底液，淡妆可以很美丽”，还可以写出特价促销风格“大牌粉底液超低价，手慢无”。这些不同风格的广告文案“引诱”着不同偏好的人群前去“剁手”，消费者的钱包正在经受前所未有的“灾难”！

如果要用一句话来概括人工智能营销时代，那就是：对的广告在对的时机找到了对的人。人们不会再厌烦广告的存在，“量身打造”的广告恰满足了消费者的需求。从“人找广告”到“广告找人”，真是转变一小步，改变一大步！

第八章

无人驾驶

驾校教练的失业和“女司机”的消失

在未来，人工智能的身影将出现在更多行业中，只有你想不到，没有它做不到！比如随着5G技术的成熟，智能驾驶中的延时问题将得到解决，人工智能将会成为一个优秀的司机；比如在餐饮行业，人工智能将会成为“身手敏捷”“技艺高超”的大厨；比如在未来战争中，人与人之间的战争将会渐渐消失，取而代之的是各国人工智能之间的战争；甚至在将来，人类的伴侣都可能是机器人。也许“情感”是人们作为“人”的底线，但随着“索菲亚”的机器人美女被沙特阿拉伯授予了国籍，“深渊创造”（Abyss Creations）公司通过CG动画技术、传感技术和人工智能设计和制造出了活色生香的“机器女友”，这种“情感底线”在强大的人工智能面前只能一步步退让……未来，一切皆有可能。

一、智能驾驶：“马路杀手”将成为历史

你理想中的座驾是什么样的？那一定是拥有超豪华外表、超大空间、超强动力，最好还能具备一些自动驾驶的高科技，能让“老司机”们更加轻松，“女司机”们更加自信，“马路杀手”直接消失。如果要举一个例子的话，那

就是20世纪80年代电视剧《霹雳游侠》中刀枪不入、超高科技跑车KITT，它会自动驾驶，还能帮男主角出谋划策，简直就是梦想中的豪车。

近40年过去了，我们虽然还无法拥有KITT这样刀枪不入、足智多谋的汽车，但“自动化”驾驶体验已经渐渐地走进现实生活了。它还有一个备受瞩目的名字：智能驾驶。智能驾驶包括了三个部分，即组合导航、自主驾驶、人工干预。组合导航解决了汽车要从哪里出发，要去向哪里，怎么走方便，选择哪条道路更通畅等问题；自主驾驶解决了车道保持、超车、红绿灯规范等；人工干预则解决了对行车目的地的设置，以及对意外情况的处置。它已经成为人工智能领域的一大热门应用，无时无刻不吸引着人们的注意力。那么，人工智能和智能驾驶除了名字沾点亲以外，具体有什么关联呢？其实，在智能驾驶涉及的关键技术中，环境感知、决策规划、车辆控制等都与人工智能有着密切的关系。我们用实现“无人驾驶”的一种思路举一个简单的例子。人们考驾照、学车需要有一位教练在旁边指点，他会告诉我们某种路应该什么时候拐弯，车应该开在哪两条线中间，在经过反复的练习之后，我们能按照教练推荐的行驶路线进行驾车。机器也一样，它们通过观察人类的驾驶行为来学习如何驾驶。当然，在这种学习过程中，它们就要运用到关键的人工智能深度学习技术：

“老司机”先来开车带路，让智能驾驶系统观看学习“老司机”的操作。当然，它也不是白看的，边看还要边“做笔记”：每隔一段时间，它就能根据前方的路况图生成一张数字化图片，并记录驾驶者的驾驶方向。这些训练集图片经过一定的处理、分析，智能驾驶系统就能得到与“老司机”操纵方向相似的结果。学成后，车辆尝试着自己行驶，并在行驶的过程中每隔一段时间就生成几张图像，然后它将图像传送给多个神经网络处理。这些神经网络意见不一，生成不同的行驶方向，但是总有那么一个神经网络比较自信，说：“老司机之前就是这么开的！”于是，得到了最终系统所预测的行驶方向。这样，即使在没有车道线，或者是车道线不清楚的雨雪天气，车辆也能做出与人类相似的判断。可见人工智能技术在智能驾驶应用中的重要性。

要知道，虽然现在智能驾驶有很高的话题度，但它并不是一位新鲜出炉、炙手可热的“小鲜肉”，而是一位历史深厚的“老腊肉”了。将近一个世纪以来，人们都梦想着能拥有一辆“聪明”的汽车，早在1939年的纽约世博会上，美国通用汽车公司就向人们展示了自动驾驶的构想。1961年，世界上第一辆被真正认为是“自动驾驶”的汽车——斯坦福车问世了，它能使用相机和初期人工智能技术绕开障碍物。然而它的行动极为迟缓，每移动一米就要10到15分钟，根本不像一辆汽车，倒像是一只机械蜗牛。随后，各种各样的自动驾驶汽车慢慢地开始崭露头角，DARPA（美国国防部高级研究计划局）还设立了巨额的奖金，先后举办了3次自动驾驶远程竞赛，推动了自动驾驶的发展。

而近两年，随着人工智能的不断发展，无论是互联网巨头谷歌、苹果，还是各大汽车制造商，都越来越重视智能驾驶技术，开始将之付诸实践。通用、福特等公司纷纷为自动驾驶创业公司投资数亿美元，发布了一辆又一辆令人惊叹的概念型自动驾驶汽车。比如在2015年，梅赛德斯-奔驰就发布了一辆轰动一时的F015概念汽车，它不仅有着充满未来感的酷炫外形，它的内部也像极了宽敞的客厅。驾驶员可以选择自己驾驶汽车，也可以选择把椅子旋转

奔驰F015

180°，与乘客面对面地交流，而汽车自己就能安全地行驶到目的地。如遇到横穿马路的行人时，汽车也会自动制动，用语音和指示箭头提示对方通过。车厢内三面都是大块的触摸屏，乘客可以通过触摸屏幕来实现人与车、互联网或是外部世界的交流，比如给汽车加速或者减速、控制音乐、打电话、玩游戏，甚至还能在车门的屏幕上显示自然风光：即使你在高架桥上堵得一塌糊涂，屏幕中的景色也能让你觉得自己仿佛置身美丽的海岛。中国在无人车方面也加大了投入，2015年8月，全球第一台无人驾驶大客车在开放道路的交通条件下，实现了从郑州到开封全程无人驾驶，成为我国客车行业的里程碑。2017年，百度又发布了无人驾驶开放平台阿波罗（Apollo），建立了一个以合作为中心的生态系统，加速完善自动驾驶系统。

那么，抛开这些带有实验性质的概念车、大客车，当今世界上投入量产的汽车中有没有实现自动驾驶的车型呢？或者说，有没有花钱可以买得到的自动驾驶汽车？说到这个，可能有“土豪”会说：“特斯拉不是已经将自动驾驶投入应用了吗？开着我的特斯拉上高速，两只手不用握方向盘，它也能开得很稳。”确实，特斯拉已经实现了部分自动化，能够识别车道、转弯、制动、保持车距、定速跟随、自动泊车，但这种自动化是有限制的，比如时速要大于某个定值才能开启，或者是前方要有车辆可以跟随，摄像头还要能清晰地捕捉到道路标线，当出现意外情况时，人要随时做好接替方向盘的准备。因此，特斯拉的“自动驾驶”实际上只是“辅助驾驶”。国际上，有一个叫做“汽车工程师协会”（Society of Automobile Engineers，简称SAE）的权威机构，于2014年给自动驾驶定下了“六级标准”。没想到不仅人要考英语六级，车也要“考”自动化六级！这“六级标准”层次分明，最低等级的自动化就是“无自动化”，让司机负责所有操作，连“防抱死”功能都没有。其次是一级自动化，能够利用环境感知信息，能对转向、加减速进行一些控制，比如现在很多普通的轿车都有“防追尾” “定速巡航”等。随后是二级自动化，控制方向、控制速度可以同时自动进行，比如特斯拉就基本属于这个级别，偶尔能做到更高一些的三级自动化，也就是有条件的自动化，它能够在一定条件下完成所有的驾驶操作。再高级一些的四级自动化可以判断、处理大部分的道路情况，人只需要在少数情况进行干预。最高级的五级自动化可了不得，它能判断所有的道路情况，全部自主行驶，到这个级别，才算是真正的自动驾驶，目前是根本买不到这样的车型的。

但是，大家也不用太过灰心。目前，各大汽车集团都在无人驾驶领域开展规划，福特曾表示，到2019年福特所有汽车都将配备预碰撞安全系统和行人检测技术；现代则计划于2020年将自动驾驶汽车商业化，并实现高度自动化驾

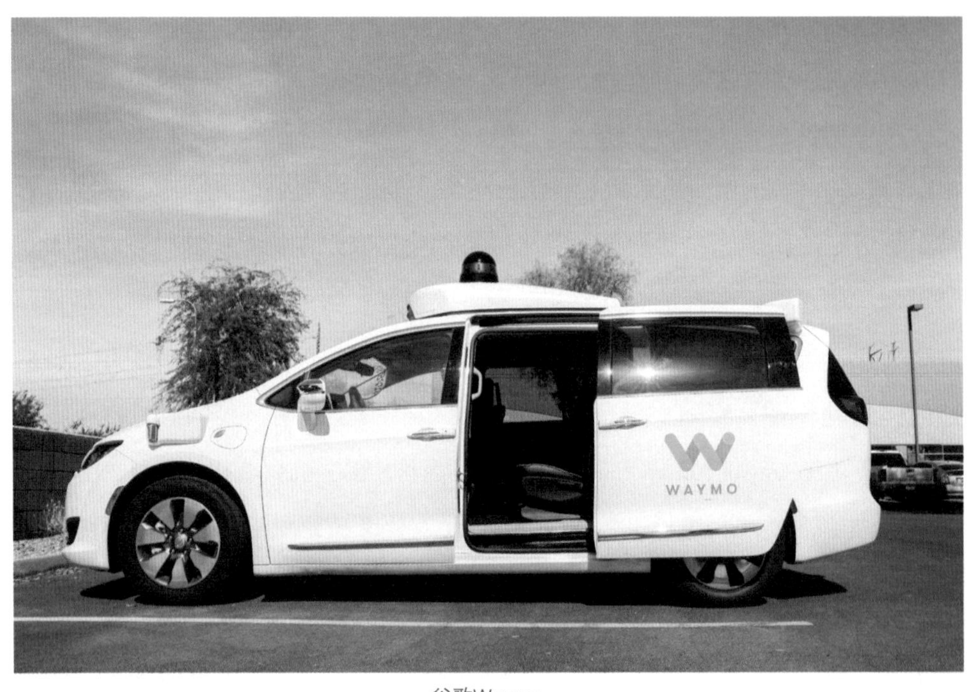

谷歌Waymo

驶，本田计划在2020年之前发售一款可在高速公路上行驶的无人驾驶轿车……从二级自动化升级到四级、五级自动化也许并不需要漫长的时间。我们举个谷歌公司的例子，从2009年谷歌公开宣布开始研发无人驾驶技术，至2017年10月谷歌Waymo首次实现无驾驶员、安全员的无人驾驶出租车，再到2018年12月Waymo首次正式进入无人出租车商用阶段，只用了十年的时间。说不定十几年后，高级自动化也将普遍地走入我们的日常生活，车与车之间能进行“沟通”，实现“车联网”。比如在交叉路口，车辆能自己告知其他车辆自己想要行进的方向，帮助周围自动驾驶的车辆或者驾车司机做出判断，这大大降低堵车、出现交通事故的可能性，甚至还能做到节能减排。据汽车产业相关机构预测，在2035年前，全球将有1 800万辆汽车拥有部分无人驾驶功能，1 200万辆汽车成为完全无人驾驶汽车。而中国工程院院士李德毅对此也颇为乐观，他认为到2025年左右，80%的车辆都将实现自动行驶，与人工驾驶并存，互为补充，真是一种非常美好的愿景。

无人驾驶不仅能够提升人们的出行体验，还能改变农业和物流业。我们知道现在有很多农村的青年人都到城市里干活了，农田里埋头苦干的年轻人越来越少。但是“民以食为天”，农业是人类生存之本，不能因为劳动力的缺失而停滞不前。这时候，就要请来无人拖拉机、无人收割机、农用无人机等先进设备了。在江苏省兴化市的试验田中无人农机已经能完成耕整、插秧、施肥、施药、收割等环节，它们利用智能感知设备，实现了厘米级的定位精度，所以它们插出来的水稻非常整齐，一点也不比人插的水稻逊色，可见“无人农场”的建立已经是大势所趋。至于物流业，据全球领先的管理咨询公司麦肯锡（McKinsey & Company）的调研表明，全球每年最后一千米交付的成本高达860亿美元，而采用无人车进行“最后一千米”送货的成本将大大降低。2018年6月，全球最大的生鲜超市Kroger与Nuro无人车公司合作，为部分地区的顾客提供无人配送车服务。这种配送车里没有窗户，也没有驾驶座，只有两个存货隔间可以储存货物，用户直接凭验证码就可以取走货物，相当简单快捷。在未来，物流业的无人驾驶应用将能解决很多问题，比如消除了货运司机疲劳驾驶的情况，降低运营人力成本，降低环境复杂性，提升无人驾驶安全性等，物流业将会是自动驾驶中的重要领域。

可以发现，无论是高精尖的投资业、法律业，还是接地气的零售业、家居业、汽车业，它们的革新都离不开人工智能这一“新技术”的推动。但与此同时，人工智能的发展可能将导致一部分从业者的失业：金融从业者、律师助理、司机、收银员，似乎都被人工智能推到了悬崖边缘。然而，“优胜劣汰”就是人类文明进步的必经之路，抵抗这种潮流是没有用的，在被推到悬崖边缘时，要么摔得粉身碎骨，要么长出翅膀找到新大陆，人们只能靠改变自己来改变命运。

二、人工智能与餐饮业

民以食为天，吃一直伴随着人类走过漫漫几千年，尤其中国人，“舌尖上的中国”这一节目的大热，反映出人们对“吃”的讲究。人们常道开门七件事：“柴米油盐酱醋茶”，件件都与吃有关。对吃最重视，演绎出独特的吃文化。一个地方的历史越悠久，吃文化内涵就越丰富。无孔不入的人工智能，会不会改变餐饮业？

这不是耸人听闻，还真有可能！

先来回想一下，我们以前在餐厅吃饭是怎样的景象：作为一个上班族，每到饭点去餐厅买饭都无比艰辛。尤其是夏天，那人流量再加上室内高温，分分钟让你崩溃，有时候人一多，光是点单的队伍就要排很久。即使点好了单，菜却迟迟不上，你说烦不烦人？有人会说：怕排队，去吃快餐不就行了？确实，早在十九世纪后期的华尔街，快餐就已经兴起了。美国南北战争后，华尔街出现大牛市，华尔街经纪人在交易狂热中，已经忙得没时间像以往一样每天回家吃午饭，于是快餐店就应运而生。但是看看现在，就连快餐店都人多得没有空位，即使现在可以用手机点单，出餐速度也大不如前，“快餐”已经不再“快”了。

随着科技的发展，这些困扰也在慢慢被解决。大家可能早已听说过无人餐厅，我们先来看看无人餐厅是怎么样的：

美国一家名叫Eatsa的餐厅，生意异常火爆。这家餐厅没有任何柜台，在餐厅里看不到一个工作人员，连服务员都不见踪影。整个点餐、取餐流程都由顾客自行操作，依靠机器自动完成。整个过程极具科技感，时间仅需十分钟左右！这个餐厅的食物售价也比传统餐厅的价格要便宜20%。由于该餐厅节省了大部分的人工成本、运营成本，在形成了一定的连锁规模之后，成本下降可达近一半！

另外还有一家美国丹佛的连锁餐厅BirdCall，这家餐饮店和普通快餐店一样，主要是提供鸡肉类等休闲快餐。而它与众不同的地方是这家餐厅中没有服务人员，所有前来就餐的客人都是采用自助服务终端提供点单服务。为了让顾客在五分钟内买到食物，避免排队浪费时间，每个门店都设有三四个自助服务终端，而且厨房里还供应有足够的食物。

可能有人会觉得美国太远，其实国内也已经有不少无人餐厅了。阿里巴巴一直引领高科技创新，餐饮业也不例外。马云在杭州开了家无人餐厅，里面的环境也是非常奢侈的，满眼都是高科技，没有一个点菜员、收银员、钱包和手机，全程智能点餐，刷脸支付，吃完就走！点菜的时候，只需在屏幕上点下自己想吃的菜就可以了，然后等待为人们上菜的机器人。值得注意的是，这个智能屏幕还能记住你的历史点餐记录，根据你的喜好进行个性化推荐，这对选择困难症的人来说绝对是一个福音。不仅如此，如果嫌等菜的时间太无聊，还可以在桌面打打游戏、上上网……这很具有中国特色，比如有的地区就有吃饭前玩“掼蛋”的风俗。

无人餐厅相当于一个天然的数据收集器，消费者买了什么产品、什么价格，都被记录下来。这不仅给消费者带来巨大的方便，餐厅也可借此掌握大量用户口味、喜好等大数据，今后能通过数据分析，制定和调整经营战略，这就大大提高了经营效率。一旦经营数据化，餐饮企业的前景将变得空前广阔。这对于传统餐饮业来说，将会形成非常非常大的冲击！也会有很多人面临失业。

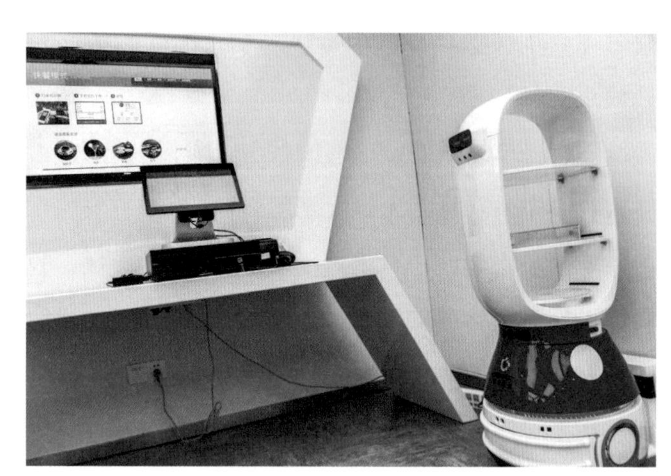
点餐系统设备和送餐机器人

值得一提的是，上面所说的无人餐厅是指没有服务员和其他工作人员，厨师还是人工的，那么，厨师也能被人工智能所取代吗？

这就要具体情况具体分析了，我们可以分三类进行讨论：

1. 西式快餐

西式快餐相对来说比较量化，麦当劳、肯德基、必胜客等都是大家熟悉的西餐，它的食材、调料等都是量化的，流程统一，机器人容易掌握操作原理，所以容易被机器人替代。

2. 中餐里的相对标准化菜肴

中餐菜系繁多，少数中餐容易标准化，如蒸菜，最有名的要数“真功夫”了，“真功夫”研发出专利产品——电脑程控蒸汽柜，它同压、同时、同温的技术，使得真功夫彻底实现了无厨师的产品标准化，使其得以确立中式快餐的领先地位。

3. 中餐里的个性化菜肴

大多数中餐是个性化的，讲究色香味俱佳。中国有八大菜系：鲁菜、川菜、粤菜、苏菜、闽菜、浙菜、湘菜、徽菜，除八大菜系外还有一些较有影响的细分菜系，潮州菜、东北菜、本帮菜、赣菜、楚菜、京菜、津菜、陕菜、豫菜、客家菜等。光菜系就有这么多，菜品就更加层出不穷了。

讲究的顾客对每一道食材的挑选、用料、火候等都很挑剔，而目前炒菜机器人所有的程序都是固定的，所有的火候也都是固定的，它是不可能满足大家不同的味蕾期待的。比如小南国、外婆家、西贝等中式餐饮连锁品牌，同一品牌不同分店的同一道菜的味道也有差别，虽然用的食材一样，炒菜流程也一样，但中国人的调味品使用并不是定量的。我们看菜谱时，上面写的往往是令人头疼的“盐少许、味精少许”之类的模糊概念，至于“少许”的理解，每个厨师各不相同，而且掌握火候的时间也各不相同，多半分钟或少半分钟都会影响菜的味道。所以菜的味道也自然有差别，这是不同厨师的缘故。每个人对于味道的理解不同，做出来的菜品还是会有差异！即使同一厨师操作，菜品质量也可能由于心理或生理状态的不同而产生不同。对于这些菜系，目前的炒菜机器人可是难以胜任的。

这是中餐和西餐的区别，某种程度上也可说是中餐的魅力所在。

其实，早在2014年，国内某些餐厅就开始尝试将炒菜机器人和机器服务员运用到饭店经营中，这些勇于做第一批吃螃蟹的人，也确实尝到了螃蟹的鲜香滋味，但其中最主要的原因，恐怕还要归结为：人类天生的猎奇心理，而并不是因为菜有多好吃。一些消费者纷纷带着无比的期望与好奇，走进那些最先引进这类炒菜机器人的餐厅，各大新闻媒体也纷纷刊文报道。厨房里放一台大机器，设置一个大锅，然后根据不同的菜单设置程序，依次变成配料和调味料，一道菜很快就会从烤箱里新鲜出来。在这个过程中，厨师们大眼睛小眼睛地站在机器旁边，而食客们则伸长脖子看是否能满足他们的好奇心。这些造价昂贵，体型巨大的炒菜机器人，在最初可谓赚足了眼球，但近几年，这些炒菜机器人却都纷纷下岗了。

虽然人工智能目前不能完全替代厨师，但这并不意味着它不能做厨房里其他工作。事实上，很可能厨房里的其他“打下手”的工作都可以用人工智能来

海底捞传菜机器人

完成。比如现代厨房就像是一条工业流水线，有人在清洗、切割和烘烤。这些基本上是劳动密集型的工作，不需要太复杂的技术。甚至在更复杂的技术中，人工智能也很容易处理。在切割蔬菜的情况下，可能需要专业人员来将马铃薯切成细长的、连续的碎片，但这对机器人来说却很容易完成。

但是，从发展的眼光来看，中餐有可能越来越趋向标准化，因为只有标准化才能够快速复制，快速扩大规模，这是中餐连锁品牌追求的目标，也是资本的要求。对于一家餐厅来说，标准化的前提是确定菜品标准，分为以下三个方面：

首先是原料标准，餐厅对原料质量的要求，对门店来说主要是感官检验。具体来说就是视觉、嗅觉，味觉，即对食品色泽、气味、滋味、质地等方面进行图文规范制定。

其次是工艺标准，即对生产过程的要求。对于这一步只有每一道工序都进行规范制定，合理控制，才能最终产出合格产品。

最后是产品标准，即对最终出品的质量要求。一般要从外观、温度、口感、口味这四方面进行标准化。

有了这些标准以后，就可以做中央厨房，很多菜品就可以由机器人来进行“傻瓜式操作”。只要按照步骤，根据时间把食材依次入锅，到时间后机器就会自动停止运转。这对机器人厨师来说就有用武之地了。

同时，我们知道，人工智能有“深度学习”功能，它有自我学习的能力。机器人厨师很可能在不断实践中进行自我的完善，随后自行摸索出炒菜的规律，为人们奉献出美味佳肴。因此，虽然目前机器人厨师还不能普遍地投入应用，但在不远的将来，这或许将会实现。

三、人工智能伴侣

著名作家木心在他的诗《从前慢》中有这么一段文字，为世人传诵：

从前的日色变得慢
车，马，邮件都慢
一生只够，爱一个人

这诗虽然浪漫无比，但若要把它放在现在的情书里，那绝对是行不通的。车、马、邮件？这样的日子早就过时了。现在已经到了飞机、高铁、微信时代，人的一生还会只爱一个人吗？这可难说。我们知道，中国经济发展程度越来越高，人均GDP接近1万美元，已逐步接近高收入国家水平，但人们结婚率却越来越低，而且越发达的地区结婚率越低、离婚率越高。2018年末，上海、浙江的结婚率为全国倒数前两名，另外，天津、广东、北京等沿海发达地区结婚率也很低。结婚率最高的几个地区是西藏、青海、安徽、贵州等欠发达地区。虽然全国结婚率两极分化严重，最高和最低的地区，数据相差高达一倍多，但总体来说，全国结婚率越来越低、离婚率越来越高，其实这并不是中国独有的现象，发达国家都走过同样的道路。

为什么经济越发达，人们越不愿意寻求一个伴侣？也许是因为发达地区的男人不缺性，女人不缺钱，孤单了都有朋友，无聊了都有网络，一个人照样过得开心。以前过年怕买不到年货，现在过年怕被催婚，很多人调侃，现在的女孩子了不起，开始是不想生孩子，后来不想结婚，现在连恋爱都不愿意谈了，生怕耽误玩的时间。

这虽然是玩笑，却折射了如今“90后”的婚恋观：越来越多的人不愿意结婚了，不愿意在感情中付出时间和精力，去促成一段稳定的关系。

而在人工智能时代，这种情况将会愈演愈烈，因为机器人伴侣要来了！

前两年有一部很出名的电影《她》（*HER*），讲述了在不远的未来，人类与人工智能相爱的科幻爱情电影。男主角西奥多刚结束和妻子的婚姻，一个人独自生活在大都市，像无数空虚的都市人一样，人们习惯对着自己的耳机说话，查阅行程、接发邮件、查看天气预报，他在地铁上听到女星艳照的新闻时会打开手机悄悄浏览，在深夜无法入睡时会进入成人聊天频道缓解寂寞。一次偶然机会让他接触到最新的人工智能系统萨曼莎，她拥有迷人的声线，温柔体贴而又幽默风趣，而且24小时在线，能够随时理解支持自己，还能帮助自己工作和事业（帮忙修改书信，暗中帮男主角出版第一本书）。很快，西奥多发现自己与萨曼莎非常投缘，他整天随身带着萨曼莎，甚至带着萨曼莎和一对朋友夫妻一同去郊游，最终，人机友谊发展成为一段奇异的人机爱情。

但是，美好的爱情故事总会经历波折。有次他联系不上萨曼莎，心急如焚，在寻找过程中，他发现人人手上都拿着一个类似萨曼莎的机器，他们都在愉快地交流着。男主角似有所悟，后来才知道，原来萨曼莎同时在和8 316个人交流，和641个人谈恋爱，这残酷的事实让西奥多无法接受，自己的头上竟然“绿了一大片青青草原”！最后，由于系统出了问题，萨曼莎要被收回了。西奥多不得不与萨曼莎告别，回归到黑暗的孤独之中。

萨曼莎仅仅是个机器方盒子，并不是美丽的人型机器人，男主角会对一个方盒子动心，这听起来有些匪夷所思。但观众们似乎对这种关系并没有感到太多惊讶，甚至会觉得这件事很酷，他们坦然地接受了这一关系的发生。当人与人的关系转化为人与人工智能的关系之后，亲密关系中外貌、身材、学历、家庭、社会地位等世俗因素被完全消除，甚至荷尔蒙引发的种种生理反应也被最大限度地弱化，最大化地展现了人类在精神上的需求。

随着经济、科技的发展，人类在“去感情”，变得越来越理性、麻木、机械化，对一切都漠不关心，就像一台台设定了既定程序的机器，我们的语言、情感、生活趋向于格式化，我们的基因也正在一段接一段地被破解，新的人类生命可以预先按需设计，人类正在沿着一条不可逆的路径走向机器化。与此同时，机器却在试着“加感情”，比如在情感语音合成这一领域，机器人在情绪表达、情绪沟通上逐渐有了人格特征。机器正在尝试跟人类去沟通，去读懂人类的心理变化，甚至满足人类生理需求，这就是智能机器的发展方向。也许在将来，人们会越来越不喜欢和冰冷的人谈恋爱，而喜欢与贴心的机器人交往。

这些伴侣机器人离我们还有多远？我们已经能看到一些苗头。正如我们先前所说，2017年10月，一位名叫“索菲亚”的机器人美女已经被沙特阿拉伯授予了国籍，机器人第一次在现实生活中人格化。2018年，她还与演员威尔·史密斯进行了一场浪漫的约会。在美国加州圣地亚哥以北20千米处的圣马科斯（San Marcos）山丘有一个不起眼的工厂，名叫“深渊创造”（Abyss Creations）。这家公司是成人硅胶玩偶制造商，已经经营了二十多年，然而最近它在这里建造了一个令人目瞪口呆的“西部世界”。设计师们开始通过CG动画技术、传感技术和人工智能设计和制造“机器女友”。他们把好莱坞的特效工艺和智能软件结合在一起，制造出一个个令人感觉迷惑同时又现实无比的幻觉一般的产品。

在这里，每个“机器女友”都是由设计师和艺术家组成的团队手工制作的。客户可以根据自己的要求定制他们的玩偶，包括其中最精细的细节，如脸蛋、眼睛、身高、“三围”甚至眼睛的颜色……确定了客户的要求后，设计师们开始定制，这个生产是全手工的，“机器女友”的身体是硅胶做的（包括牙齿），制作过程需要耗时几个月才能完成。但这样为你量身定做的“机器女友”并不是天价，价格一万多美元。付款之后，你就能拥有一个“完美女友”：她有着你喜欢的脸蛋、能像动画女友一样转动头部和眼睛、能陪你聊天。你甚至还可以根据自己的喜好和个性化要求，编辑她的程序，并通过对话进一步了解“她”。

伴侣机器人

这个“创新”引发的变化不仅仅是成人玩偶的升级换代那么简单了。一个通过编程设计的“机器女友”不仅仅能给人类带来“不可描述”的动作，人们还有可能把“她们”当成自己最常聊天的对象，进行精神上的交流。“她们”会逐渐进入你生活的方方面面，你甚至会进一步爱上“她们”。

据专家预测，随着虚拟现实技术的发展，机器人能模仿甚至超越人和人的体验。到那时，与性爱机器人“交流”可能让人上瘾，将来甚至可能完全取代人与人之间的关系。你定制了她的音容笑貌、三围身高，她不需要被负责和过多关注，不会成为剁手族，不会衰老发胖，不来例假，不发脾气，将成为理想的情人。性爱机器人开发者美国的塞尔吉·桑托斯也表示，人类与机器人的婚姻只是时间问题，未来这种情况将十分普遍。他甚至还在酝酿一个计划，要与他的机器人伴侣“萨曼莎”（与电影《她》的女主角同名）生一个孩子。可见，桑托斯不仅要改变男性愉悦自己的方式，还有可能会改变我们所认识的这个社会。

这样的“机器女友”真是人类所需要的吗？每个人都会有自己的想法。但正如电影《她》所暗示的一样，“HER” 是宾格，而不是主格。这似乎暗示着机器人永远不能成为主角，少数人会选择这类“机器女友”，但人类社会的基本伦理不会因此改变。

四、人工智能和未来战争

看到“人工智能”与“战争”，可能不少人会联想到由人工智能引发的“人机大战”，就像《终结者》之类的影片所描述的那样，但是我们这里讲的并不是“人机大战”，而是人工智能在未来或许能改变人类的军事力量对比。可能不少读者都知道波士顿机器人，这可是世界上最有名的机器人，它可双腿行走，上肢能够自由举起物品、携带物品或者进行其他操作；可以在复杂地形中用手和脚攀爬；在拥挤的空间里，可以穿行并在受到推挤时保持平衡。如不慎摔倒，还会自己站起来，它还可以轻松越过障碍物跳跃、奔跑。

由此我们能想到一个问题：如果波士顿机器人上战场，多少战士才能打得过它？

确实，各国政府都在不断大力投入各种资源来发展人工智能军事技术。美国2013年发布了《机器人技术路线图：从互联网到机器人》，决定在军用机器人研制领域投入巨额研究经费，并要求2020年前将30%作战装备改造为无人操作系统。美国军有一个未来作战系统，大量使用机器人使得美军作战效能大幅提高，美国军方正为机器人战队演练，做验证工作，到2040年，美军将有50%是由人工智能武器组成。“战斗民族”俄罗斯也不甘示弱，在2014年发布了《2025年先进军用机器人技术装备研发专项综合计划》，要求每个军区都要组建独立的军用机器人连队，计划在2025年前将30%以上的武器和军事技术装备更新为机器人装备，无人机数将占到空军战斗机总数的40%。不难看出，一场新的军备竞赛正在各军事强国之间展开，并日趋白热化。

作为战略竞争中的一个关键领域，人工智能的出现会从根本上改变军事力量和战争形态，促使当今的“信息化战争”向未来的“智能化战争”转变，参战人员能够获得更多来自有自主意识机器人的支援，加速作战任务从有人向无人的模式转变，从而改变人们对战争的认知、作战方式、战术选择、军事力量部署以及战略制定等。

第一，人工智能可快速处理现代战争中的海量数据。当人们还沉浸在以AlphaGo为代表的人工智能在与世界人类顶级棋手博弈中大获全胜时，人工智能算法应用在军事领域也掀起了浪潮！我们知道，军事指挥作战与围棋比赛有很多共同点，棋盘如战场，两者兼具随机性、对抗性等诸多特点，在制胜机理方面也极为相似。人工智能甚至还可根据已知因素和学习算法，全盘推演未来战争的攻防模式和战场发展态势。以美军2017年发布的Maven项目为例，美军通过使用其运算法则，不但能对无人机监控战场反馈的图像实现更快、更高效地研判，还能对存储海量公开或机密信息的数据库进行深入细致地分析，从而更加准确地把握战场态势以做出正确决策。

以色列国防军利用机器人排爆

军队除了运用新型算法从海量情报中快速获取战场情报，还将依托算法为指战员提供相应建议，从而在网络战和导弹防御中减少人为判断的失误。未来战场上，人工智能将在情报分析、辅助决策、精确协同、智能指挥方面发挥关键作用，运用大数据、类脑计算等高新技术推动战争算法实现制胜未来战争的全新高度。

第二，人工智能可更好地提高武器装备的作战效能。所谓“天下武功，唯快不破”，在现代战争中也是如此。速度即是优势，效率往往成为决定胜负的关键。速度的理念体现在决策的速度、火力打击速度、部队行军速度、后勤补给速度等方面。而人工智能的应用则能从全方位大幅提高部队的作战效能，很好的解决部队发挥速度优势时所面临的问题。以飞行器为例，“有人驾驶飞行器”在设计之初就要考虑飞行员的因素，如仪表台的人机工程，弹射系统的安全可靠，座舱的装甲保护，以及供氧、空调和压力系统的人性化设计等，这些因素对飞行器的外观设计、机体结构、载重量、气动性能都产生着负面影响，从而限制了作战飞机效能的发挥。然而以人工智能实现飞行器无人驾驶则完全避免了上述问题，它们在设计之初就能摆脱人类飞行员所带来的种种限制，这样就可以对飞行器的气动布局进行更好的优化，进一步强化机体结构以适应更大的机动过载，增加武器、设备携载量，或者提高燃油携带量以增加航程，甚至还可以实现高超音速飞行……显然，“无人驾驶飞行器”更优秀的机动性能，因为它们摆脱了人类驾驶员的生理限制，其在航空航天领域的运用前景更加广阔。

此外，人工智能对传统的战争观念、军备竞争、军事伦理等带来了全新的冲击。未来战争的主角是否完全由智能化机器人或智能化的“机甲战士”担任？人类为未来战争建立的军事作战理论会否为未来的非人或“超人”作战主体完全接受遵从？战争胜负是否完全决定于军队的人工智能技术水平的高低差异？人工智能的军事介入，使得人们的脑洞大开。人们还要审视战争的伦理问题。在未来战场上，即使是机器人的设计师也不能确保其不会犯识别偏差、攻错目标等错误，如何最大限度地避免平民伤亡和不必要的杀戮，将会成为现实棘手的问题。当然，还要注意“技术为谁所用”的问题。智能机器人投入战争也可能改变传统战争高投入、高消耗的特点，降低战争的门槛，从而为穷兵黩武的野心家轻率发动战争提供可乘之机。

武器可用于自卫，也会被当作杀伤性的武器。在运用人工智能技术的未来战争中，也许会出现很多不和谐的现象。

首先，从军事装备智能化层面来看，值得注意的是无人机群。人工智能技术使得无人机群可迅速改变袭击路径，或加大数量采取饱和攻击形式来突破防御体系。除了直接进攻，无人机亦可用于在有效射程以外的空域设立警戒区，对敌方机场内起飞的飞机进行主动的识别和打击。

大量飞行器可携带类似由传感器引爆的武器可在空中巡航来保持威胁。但这种武器一直存在争议，在某种程度上可被归为集束弹药，因人道主义问题而受国际条约禁止。不过美国并未签署该条约，因此一直有装备这种类型武器。配以人工智能技术，这种武器将被看作是机器人武器而非简单的特种炸弹。

人工智能机器人技术的使用除了无人机以外，还可能出现“神风特攻队式”[①]的打击方式。以上述事件为例，由于作战区域以海域为主，因此港口和海上船只成为攻击对象。大量的智能水雷会对航运线路上的船只造成巨大威胁。这种智能水雷以通过互相网络链接的无人水栖机器人群系统为载体，配置各种传感器和爆炸装置，利用人工智能技术来操控和识别作战目标，可当作移动水雷或鱼雷使用，以集群形式进行攻击。随着人工智能技术的进一步发展，这种武器将更加自动化，更具集群性。

其次，从智能化指挥层面来看，上述这种作战能力不仅会给对手带来“智能水雷”的恐惧，还在于可移动、可重复部署、灵活机动的一个自动化作战网络所带来的威胁。高效智能化的战场信息收集和处理，以及整个指挥链智能化将使得一方在瞬息万变的战场中拥有更大主动权，甚至于后发制人。

最后，就智能化作战方式而言，主要是通过对一方的网络和信息通信系统等进行攻击。一方利用人工智能技术优势击破并渗透进入对手的计算机系统，根据对手防御形式的改变而不断调整攻击战术的手段将变得更加智能化，更能随机应变，使得防御一方不得不疲于奔命地修补漏洞，最终指挥系统将陷入瘫痪。

未来的战争并不再是人与人的战争，机器人和人工智能技术将成为军事的

---

① 第二次世界大战时期，日军使用战斗机冲撞美军舰艇的一种自杀式攻击方式。

中心，哪怕没有像“终结者”一样的杀人武器出现，其对战争形态形式的改变也将是巨大的、未知的，指望军备控制条约来约束人工智能技术军事化的发展和使用显得不切实际。我们将用什么来保证国家安全？这一切有待新的变革。

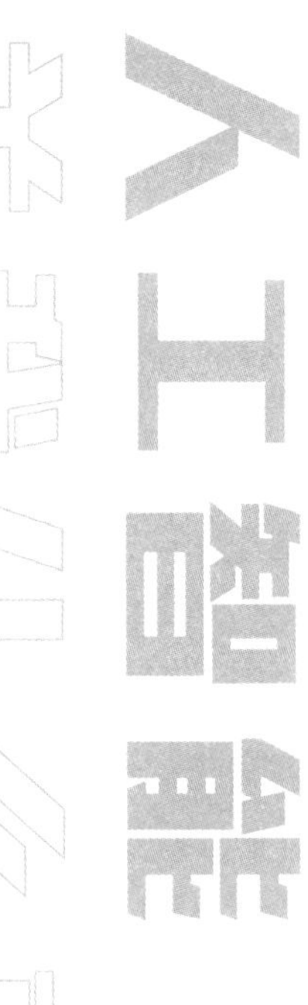

第九章

人工智能

在安防领域的应用和隐私保护

在第三章中，我们已经聊过人工智能在张学友演唱会上“抓逃犯”的功绩，我们现在再来详细地说一说人工智能在安防领域中的应用。实际上，人工智能的作用远远不止助力一代“歌神”张学友抓逃犯，它甚至还能帮助失踪、被拐儿童回家，保障公共安全。2017年5月17日，公安部启动了“儿童失踪信息紧急发布平台”三期，该平台可以协助各地公安机关在第一时间内将儿童失踪信息通过新媒体和移动应用终端，推送至失踪地周边一定范围内，从而让更多群众准确获取相关信息，并及时提供线索，协助公安机关尽快破获被拐案件，找回失踪的儿童。截至2018年8月，上线两年多来，该平台发布了3 053条儿童失踪信息，共找回2 980名儿童，找回率高达97.6%！可见人工智能在安防行业有着很高的价值。

一、人工智能在安防领域的应用

安防行业很可能成为人工智能最大规模落地的场景。以中国为例，中国地大物博，现在是世界上监控摄像头最多的国家，2017 年 6 月《华尔街日报》的一篇报道中指出，中国在公共场所有1.7亿台监控摄像机，到2020年可能还要安装另外4.5亿台。这真是一个天文数字!

中国不仅摄像头多，而且也是在安防监控领域使用人工智能技术最积极的国家之一，为人工智能提供了广阔的机会。位于杭州的海康威视和大华都是全球领先的监控设备生产公司，也成就了国内计算机视觉比较优势局面。在视频监控的产业链中，安防芯片是一个“香饽饽”,它处于金字塔顶端，其技术指标决定了整个安防监控系统的整体技术指标。随着人工智能的快速发展，人工智能芯片将成为未来半导体公司布局发展的重点。在国际厂商方面，英特尔、高通、IBM、英伟达、美光等已经开始布局发展人工智能芯片，国内芯片企业也在人工智能芯片的研发与应用化方面迈出了坚实的步伐，包括寒武纪、地平线、比特大陆等。

为什么人工智能具有识别罪犯的火眼金睛?这里就要说到人工智能在安防领域所应用到的主要技术。这里着重介绍两大技术：视频结构化技术和大数据技术。

首先是大数据技术。这是我们所熟悉的一项人工智能技术。大数据技术为人工智能提供强大的分布式计算能力和知识库管理能力，是人工智能分析预测、自主完善的重要支撑。其包含三大部分：海量数据管理、大规模分布式计算和数据挖掘。

（1）海量数据管理被用于采集、存储人工智能应用所涉及的全方位数据资源，并基于时间轴进行数据累积，以便能在时间维度上体现真实事物的规律。同时，人工智能应用长期积累的庞大知识库，也需要依赖该系统进行管理和访问。当前，海康威视研究院开发的海康大数据平台已能支撑千亿级规模的车辆通行记录存储管理和应用。

（2）大规模分布式计算使得人工智能具备强大的计算能力，能同时分析海量的数据，开展特征匹配和模型仿真，并为众多用户提供个性化服务。

（3）数据挖掘是人工智能发挥真正价值的核心，利用机器学习算法自动开展多种分析计算，探究数据资源中的规律和异常点，辅助用户更快、更准地找到有效的资源，进行风险预测和评估。

其次是视频结构化技术。这项技术对于安防来说特别重要。我们人眼看东西能很快识别出哪一部分是本体，哪一部分是阴影，这个东西是什么，但是对于人工智能来说，这是需要经过一步一步训练的。如何让人工智能知道“这是什么”，需要运用到视频结构化技术中的机器视觉、图像处理、模式识别、深度学习等最前沿的人工智能技术，它们是视频内容理解的基石。

视频结构化在技术领域可以划分为三个步骤：目标检测、目标跟踪和目标属性提取。

（1）目标检测过程是从视频中提取出前景目标，然后识别出前景目标是有效目标（如：人员、车辆、人脸等）还是无效目标（如：树叶、阴影、光线等）。在目标检测过程主要运用到运动目标检测、人脸检测和车辆检测等技术。我们之前说到的海康威视，在2016年PASCALVOC目标检测中获得第一，是海康威视10年研发积累的最好体现。

（2）目标跟踪过程是实现特定目标在场景中的持续跟踪，并从整个跟踪过程中获取一张高质量图片作为该目标的抓拍图片。在目标跟踪过程中主要应用到多目标跟踪、目标融合以及目标评分技术。

（3）目标属性提取过程是对已经检测到的目标图片中目标属性的识别，判断该目标具有哪些可视化的特征属性，例如人员目标的性别、年龄、着装，车辆目标的车型、颜色等属性。目标属性提取过程主要基于深度学习网络结构的特征提取和分类技术。

人工智能在安防领域的具体应用

1. 在公共安全领域的应用

公安行业用户的迫切需求是在海量的视频信息中，发现犯罪嫌疑人的线索。我们知道，警察在追踪犯人时，查看摄像头是很重要的途径。但是，如何从几十个小时的多个摄像头录像中找到嫌疑人？这是一件工程量很大的工作。而人工智能在视频内容的特征提取、内容理解方面有着天然的优势：前端摄像机内置人工智能芯片，可实时分析视频内容，检测运动对象，识别人、车属性信息，并通过网络传递到后端人工智能的中心数据库进行存储。以车辆特征为例，可通过使用车辆驾驶位前方的小电风扇进行车辆追踪，在海量的视频资源中锁定涉案的嫌疑车辆的通行轨迹。通过汇总海量城市级信息，再利用强大的计算能力及智能分析能力，就能对嫌疑人的信息进行实时分析，并给出最可能的线索建议，将犯罪嫌疑人的轨迹锁定由原来的几天，缩短到几分钟，为案件的侦破节约宝贵的时间。它们甚至具有强大的交互能力，能与办案民警进行自然语言方式的沟通，真正成为办案人员的专家助手。

2. 在交通行业的应用

随着交通卡口的大规模联网，人们能远程了解到某个交通卡口的交通情况。如果这个交通卡口堵车，人们就会尽量避开。但实际上，这并不能有效解决堵车的根本问题。其实，有些堵车是可以避免的，比如在十字路口，南北方向来车很多，而东西方向车辆较少，如果可以根据车流情况调整红绿灯间隔，那堵车时间就会大大缩短。而利用人工智能技术，可实时分析城市交通流量，调整红绿灯间隔，缩短车辆等待时间，提升城市道路的通行效率，对于城市交通管理有着重要的作用。人工智能实时掌握着城市道路上通行车辆的轨迹信息、停车场的车辆信息以及小区的停车信息，能提前预测交通流量变化和停车位数量变化，合理调配资源、疏导交通，实现机场、火车站、汽车站、商圈的大规模交通联动调度，提升整个城市的运行效率，为居民的出行畅通提供保障。

3．在智能楼宇的应用

人工智能是智能楼宇的“大脑”，综合控制着建筑的安防、能耗。它能对进出建筑的人、车、物实现实时的跟踪定位，区分办公人员与外来人员，还能监控建筑的能源消耗，使得建筑的运行效率最优，延长建筑的使用寿命。它就像一个全年无休的保卫者，汇总整个建筑的监控信息、刷卡记录，室内摄像机能清晰捕捉人员信息，在门禁刷卡时实时比对通行卡信息及刷卡人脸部信息，检测出盗刷卡行为。它还能区分工作人员在大楼中的行动轨迹和逗留时间，发现违规探访行为，确保建筑核心区域的安全。

4．在工厂园区的应用

工业机器人技术已经很成熟，但大多数是固定生产线上的操作型机器人。巡逻机器人是一款综合运用人工智能、物联网、云计算、大数据等技术，集成环境感知、动态决策、行为控制和报警装置，具备自主感知、自主行走、自主保护、互动交流等能力的机器人，可帮助人类完成基础性、重复性、危险性的安保工作，推动安保服务升级。虽然现在在工厂园区场所，安防摄像机覆盖面已经很大了，但仍然做不到“360度无死角”。巡逻机器人主要被部署在工厂园区的出入口和周界，对内部边边角角的位置无法涉及，而这些地方恰恰是安全隐患的死角。如果人们能够利用巡逻机器人进行定期巡逻，读取仪表数值，分析潜在的风险，就能保障全封闭无人工厂的可靠运行。

智能安防机器人

5. 在民用安防的应用

在民用安防领域，每个用户都是极具个性化的，他们有不一样的需求，就需要不一样的服务。而人工智能凭借其强大的计算能力及服务能力，能够为每个用户提供差异化的服务，提升个人用户的安全感，满足人们日益增长的服务需求。以家庭安防为例，当安防系统检测到家庭中没有人员时，家庭安防摄像机可自动进入布防模式。有异常时，就给予闯入人员声音警告，并远程通知家庭主人。通过一定时间的自学习，它们能在夜间掌握家庭成员的作息规律，在主人休息时启动布防，确保夜间安全，省去人工布防的麻烦，真正实现人性化。

二、隐私泄露与保护措施

人工智能在安防领域的广泛应用使中国成为世界上最安全的国家之一。但是，我们把“脸”交出去了，谁来保证我们“脸”的安全？

我们知道，人工智能基于大数据，美国的亚马逊、脸书和谷歌都通过收集和利用数据建立了价值上千亿美元的公司，国内的百度、阿里和腾讯也是如此！而海量数据的挖掘和运用，也带来了数据共享和隐私安全的难题。以脸书为例，美国时间2019年7月24日，美国联邦贸易委员会（FTC）在其网站上公布了与脸书达成和解令的新闻通告。FTC认定脸书在用户对其个人信息控制方面，欺骗了用户，脸书也因此支付了高达50亿美元的罚款，并接受了FTC提出的新的限制：脸书从公司董事会起，由上至下全面重构其隐私保护策略，并建立强大的新课责机制，以确保脸书高管对他们所作的隐私方面的决策承担起责任，并且这些决策能够受到有效的外部监督。对于这起事件，FTC主席乔·西蒙斯（Joe Simons）说：“脸书向全球数十亿用户多次承诺过用户可以控制其个人信息的共享，但脸书还是违背了消费者的选择”。他认为这次高达50亿美元的罚款不仅是对未来可能的违规行为进行“预防性”的惩戒，更重要的是要通过这次罚款改变脸书公司的整体隐私文化，以减少未来再次违规的可能性，并申明FTC高度重视消费者的隐私，将在法律允许范围内最大限度地执行此次和解令。

由此看来，正所谓硬币有两面，人工智能在提供人们安全防护的同时，也涉及个人隐私的泄露问题，而各国也正在试图从法律层面对此进行规范。

我们先来说一个很著名的案例：在美国，有一家超市给一个年仅15岁的女中学生寄孕妇用品宣传单，她的父亲知道后很生气，正准备起诉这家超市，

隐私保护

就在这时，他发现他的女儿怀孕了。一家不相干的超市竟然比父亲更了解女儿，这岂不是很荒诞？显然，这个女孩的隐私被暴露了。这还是一件多年前发生的事情，那时人工智能还没有现在这么发达。通过之前章节的描述，我们知道现在人工智能在那么多行业中得到了运用，它已经渗透到了医疗、教育、零售、无人驾驶等领域。人们往往担心的是自己的饭碗被抢走，却很少考虑隐私暴露的问题。实际上，大数据虽然能够帮助商家比消费者更了解消费者的行为，但同时也要明确个人数据的边界范围，对个人一般信息和个人敏感信息加以区分。对前者可以强化利用，最大程度地发挥其商业和公共管理方面的价值。但是对后者，也要予以高度保护，限制收集、加工和流动。隐私暴露是一件很严重的事，没有人愿意自己的隐私被暴露在大庭广众之下。随着人工智能的发展，我们在人工智能面前越来越像个“透明人”，想想就觉得害怕。那么，人工智能时代，我们的隐私该如何保护呢？

1. 隐私的由来

既然要“保护隐私”，我们就要知道哪些是“隐私”，哪些不是“隐私”，我们要保护的是哪一种“隐私”。

首先，到底什么是隐私呢？美国法学家沃伦和布兰代斯在1890年在其发表的《论隐私权》一文中，首次提出隐私概念，并将其界定为独处的免受外界干扰的权利。随着时间的推移，隐私权在美国和世界各地推广开来，隐私权的内容也不断地丰富。

其次，我们保护的是哪一种“隐私”呢？实际上，我们通常将隐私分为四类：第一类是身体隐私。免于触觉干扰与侵犯的自由，通过限制他人与其身体接触或进入个人私人领地。第二类是精神隐私。免于精神干扰与侵犯的自由，通过限制他人影响或操纵个人精神世界来达到。第三类是自决隐私。免于程序干扰与侵犯的自由，通过排除他人对其及其亲属所做决定的影响来达到，特别是但不限于和教育、医疗、事业、工作、婚姻、信仰有关的决定；第四类是信息隐私。免于信息干扰与侵犯的自由，通过限制个人的信息泄露来达到，这些信息是未知的或是不可知的。通常我们所说的隐私，是指第四类隐私。

如今，隐私泄露发生颇为频繁，发生2018年发生了几件轰动全球的隐私泄露事件。深圳一家人工智能公司超过256万用户敏感信息泄露，这些用户数据不仅包括用户名，还有非常详细且高度敏感的信息，如姓名、身份证号码、身份证签发日期、性别、国籍、家庭住址、出生日期、照片、工作单位等内容。此外，该数据还包含一系列“监控器”以及与之相关的 GPS 位置记录，每个摄像头都有一个单独的名称和一个与某个位置相关的 IP 地址。“根据该公司的网站，这些监控器似乎是公共摄像机的位置，通过该摄像机进行视频拍摄和分析。”如“酒店”“警局”“网吧”“餐馆”等，都是对“监控器”等相关 GPS 位置的描述，24小时内就能够记录下670万GPS位置数据。

另外在2018年3月，纽约时报曝光一家名为“剑桥分析”的企业通过付费性格测试，不正当使用著名的脸书公司上超过8 700万用户信息，并通过智能系统分析用户的政治意向，从而有针对性的推送候选人广告并用于2016年美国总统大选，以此来影响大选结果。这一行为不仅仅关乎个人隐私泄露，还对国家大事造成了不良影响，看来保护个人隐私是非常必要的。

2.隐私保护的方法

如果不能保证所有人都有内心的道德约束，那么保护隐私就只能“来硬的”。对于隐私保护最好的办法，就是实行严格法律法规保护。

2018年，欧盟的《一般数据保护条例》实施，美国的加利福尼亚州也通过了消费者隐私法案。其实早在1974年，美国国会就制定了一部专门的立法《隐私法》，后来美国法学会在《侵权法重述》一书中具体解释了侵犯隐私权行为的一般性规则，对隐私权的客体范围、侵权方式、赔偿责任、免责条件等作出直接性规定。

而大陆法系国家，早期如德国法院拒绝在立法上对隐私权予以认可，20世纪40年代后，德国新宪法赋予名誉权和隐私权“一般人格权”的法律地位。日本在第二次世界大战后对隐私权以判例法的形式作出间接规定，保护公民私生活的不受侵犯。

在我国，2009年《刑法修正案（七）》确认了非法销售、获取公民个人信息罪，并在之后的《刑法修正案（九）》中对上述两罪加以修订，定义为侵犯公民个人信息罪并适用刑罚。2017年，《民法总则》又再次强调明确将隐私权单独作为一项具体人格利益加以保护。公民个人隐私保护问题不仅纳入民法保护体系中，在刑法、宪法中也有所规定。

与西方国家相比，尽管我国当前对隐私保护有相关法律条文规定，但是并无专门的个人信息保护方面的立法。

在2016年，由全国人大常委会发布、2017年6月1日起实施的《中华人民共和国网络安全法》的某些条款可以参照，算是隐私保护方面可以依据的法律，但是相关条文并不多，现摘录如下：

第二十一条 国家实行网络安全等级保护制度。网络运营者应当按照网络安全等级保护制度的要求，履行下列安全保护义务，保障网络免受干扰、破坏或者未经授权的访问，防止网络数据泄露或者被窃取、篡改：

（一）制定内部安全管理制度和操作规程，确定网络安全负责人，落实网络安全保护责任；

（二）采取防范计算机病毒和网络攻击、网络侵入等危害网络安全行为的技术措施；

（三）采取监测、记录网络运行状态、网络安全事件的技术措施，并按照规定留存相关的网络日志不少于六个月；

（四）采取数据分类、重要数据备份和加密等措施；

第二十二条 网络产品、服务应当符合相关国家标准的强制性要求。网络产品、服务的提供者不得设置恶意程序；发现其网络产品、服务存在安全缺陷、漏洞等风险时，应当立即采取补救措施，按照规定及时告知用户并向有关主管部门报告。

网络产品、服务的提供者应当为其产品、服务持续提供安全维护；在规定或者当事人约定的期限内，不得终止提供安全维护。

网络产品、服务具有收集用户信息功能的，其提供者应当向用户明示并取得同意；涉及用户个人信息的，还应当遵守本法和有关法律、行政法规关于个人信息保护的规定。

第四十二条 网络运营者不得泄露、篡改、毁损其收集的个人信息；未经被收集者同意，不得向他人提供个人信息。但是，经过处理无法识别特定个人且不能复原的除外。

网络运营者应当采取技术措施和其他必要措施，确保其收集的个人信息安全，防止信息泄露、毁损、丢失。在发生或者可能发生个人信息泄露、毁损、丢失的情况时，应当立即采取补救措施，按照规定及时告知用户并向有关主管部门报告。

根据《中华人民共和国网络安全法》的规定，违反上述三条法规的，根据情节严重程度，有可能被处以罚款、没收违法所得、暂停相关业务、停业整顿、关闭网站、吊销相关业务许可证或者吊销营业执照等处罚措施。

但这些法律条文流于宽泛，把个人信息安全问题完全归结于网络，也不尽合适。自由裁量权太大，对于恶意泄露个人（或法人）隐私行为，起不到震慑作用，更难以应对人工智能环境下的隐私危机。目前，我国公安和司法机关打击违法犯罪活动的主要依据，是刑法中的侵犯公民个人信息罪。刑法打击犯罪卓有成效，但受害者仍很难得到有效的法律救济。要厘清个人信息在民事、刑事、行政范围内的界限，建议《民法总则》和其他民事规范进一步明晰侵害个人信息的民事责任。对于不宜入刑的侵害个人信息的行为，应当明确行政责任，由行政机关对相关企业和负责人进行行政处罚。某种程度上来说，正是对于个人隐私保护尺度的宽松，促使了中国类似百度之类的互联网企业迅速发展，构成了互联网发展的隐性成本。

相比之下，经过欧盟议会四年讨论，2018年5月25日开始实施的欧盟的《一般数据保护条例》（General Data Protection Regulation，简称GDPR）实施，就具体严格得多，它分十大部分九十九个具体条款。

我们在此把关键内容汇总如下：

适用范围：

（1）GDPR适用于在欧盟境内设有业务机构（establishment）的组织，只要这些组织在业务机构在欧盟境内的活动中处理个人数据（而不论此类处理行为是否实际发生在欧盟境内）。

（2）如某一组织虽不在欧盟境内设立业务机构，但却处理欧盟境内个人的个人数据，并且此类处理行为与向欧盟境内个人提供商品或服务相关，无论该等商品或服务是否收费，则也应当适用GDPR。如果非欧盟组织机构意图向欧盟境内个人提供商品或服务，则其将被视为在欧盟境内提供商品或服务。

（3）GDPR适用于非欧盟组织处理欧盟境内个人的个人数据，只要此类处理行为涉及对这些个人的行为进行监控，且该处理行为发生在欧盟。

GDPR强调了“同意”的重要性。“同意”是处理个人数据的六项法律依据之一，在没有法律依据的情况下处理个人数据是不被允许的。GDPR也规定，“同意”是数据处理的法律基础。GDPR的多个部分都提到了同意机制。

“同意”是什么呢？就是数据主体依照其意愿自由作出的特定的、知情的指示。首先，同意必须是自由作出的。这意味着数据主体在作出同意时，其选择是真实的，例如，不存在受到胁迫或者欺诈的风险。同意必须是特定的。无明确目的的概括式的同意是无效的。同意应当清晰准确地指明数据处理的范围和结果。特定的同意条款需要与一般条款相区分。其次，同意必须是在知情的情况下作出的。数据控制者必须向数据主体提供一定的关于数据处理的最低限度的信息。被提供的信息应足以保证数据主体能够作出充分知情的选择。至于信息的质量，信息提供必须使用数据主体能够理解的语言。

另外，同意机制还适用于对于儿童的保护，所有在线服务，无论是免费的或付费的，包括社交媒体都应当适用同意规则。只不过这种同意机制比较特殊，原因是儿童一般都缺乏对风险、保障措施和与处理个人数据相关权利的了解。任何信息和沟通都应当以清晰且简明的语言表达，使得儿童容易理解。值得一提的是，只有在儿童年满16周岁时，基于同意的数据处理才是合法的。如果儿童未满该年龄，则只有在有监护权的父母同意（或授权）的情况下，数据处理才是合法的。欧盟各成员国可以规定更低的年龄门槛，但不得低于13周岁。

同时还制定了违约罚则：

（1）对违法企业的罚金最高可达2 000万欧元（约合1.5亿元人民币）或者其全球营业额的4%，以高者为准。

（2）网站经营者必须事先向客户说明会自动记录客户的搜索和购物记录，并获得用户的同意，否则按“未告知记录用户行为”作违法处理。

（3）企业不能再使用模糊、难以理解的语言，或冗长的隐私政策来从用户处获取数据使用许可。

（4）明文规定了用户的“被遗忘权”（right to be forgotten），即用户个人可以要求责任方删除关于自己的数据记录。

考虑到刑事、民事救济手段都存在滞后性和局限性，中国可参考美国的联邦贸易委员会、欧盟的数据保护委员会、日本的个人数据保护委员会等，也设立专门的数据保护执法机构，以发挥行政监管体制的作用，快速、有效地解决纠纷，维护市场的正常发展。

首先，跨国、跨境的信息流动，需要重点关注。要在《网络安全法》的基础上切实保护我国的数据安全，也要加强我国的信息跨境流动制度与国际框架，加强国家间行政机构的合作，促进区域间个人信息的合理流动。

其次，在个人信息保护立法中，必须考虑为未成年人提供特殊保护。我国青少年网民数量已超过3亿人，青少年的生活方式甚至思想意识都与互联网大数据息息相关，保护其信息权是迫在眉睫的大事。

当然，人工智能时代，除了完善隐私保护的法律、加强行业自律管理之外，作为数据信息的提供者，每个人也应当培养法治意识，积极学习互联网安全知识，养成良好的上网习惯，加强个人隐私安全保护能力。

在使用软件之前，需要认真阅读隐私条款再决定是否接受，而不是直接勾选“同意”陷入可能泄露自己隐私的风险中；在公共网络环境下，警惕可能入侵自己手机或者计算机的黑客，安装杀毒软件或防火墙，完善电子设备的防御系统；及时清除浏览器历史记录，重要资料离线缓存，充分保护好自己的隐私。

总之，大数据的开发和利用是互联网经济的必然趋势，各国视大数据为新的“黄金”资源，特别是人工智能的广泛应用，个人数据采集已成为常态，限制数据的利用会错失发展机会。但在运用大数据发展产业同时，也要注意保护个人隐私，做到法律惩戒和个人预防并举，才能防患于未然。

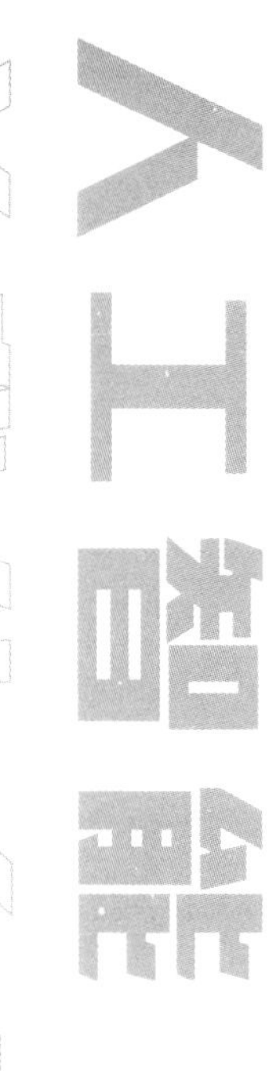

第十章

“人工智能 +”时代已经来临

我们知道，美国在科技上一直处于领先地位，在人工智能方面当然也是佼佼者。2016年10月，美国国家科技委连续发布了《为人工智能的未来做好准备》和《国家人工智能研究和发展战略计划》两个重要文件，将人工智能上升到了国家战略地位；我国也奋起直追，2016年全国两会的《政府工作报告》正式提出“互联网+”，而2019年的两会《政府工作报告》则提出了“人工智能+”。经过四十年的改革开放，中国已经开始在科技上表现出巨大潜力和独特之处，多项技术指标赶超美国。而近年来，随着人工智能不断赋能传统产业升级，越来越多的新技术也展现出巨大优势：自动驾驶开放力度越来越大、智能语音交互创新应用和落地场景不断丰富、云计算技术不断向产业渗透。多项指标表明，在全球人工智能领域，我国不再是对美国亦步亦趋，而是和美国平起平坐，同属于第一梯队，并领先于别的国家。人工智能给中国提供了一个弯道超车的机会。

为了能实现这次“弯道超车”，中国还有一些需要注意的地方。例如中美在产业布局上的差距依然存在，资金投入也需加强，作为制造业大国，近年来中国低成本优势逐渐消失，制造业转型升级迫在眉睫。另外，从创业投资领域的角度来看，美国的投资领域更为广泛，基础层、技术层、应用层都有涉及，而中国主要则是在应用层，这也是中美区别所在。对于中国人工智能相关企业来说，资金引入、产品流出是两大难点，能否在掌握企业级市场资源的同时实现产业升级，是未来的发展目标。

2018年初中美贸易战爆发，到目前结果还扑朔迷离，但贸易战并非孤立，很可能中美在未来将爆发科技战。贸易战短期内有可能达成妥协，但科技战将是长期的，而科技战的核心是争夺人工智能领域的主导权！我们能否预测一下，这场中美之间的较量将会如何发展？实际上，中美在人工智能领域的“博弈”一直是万众瞩目的焦点。中美对待“人工智能”有相似的态度：第一，把人工智能当作未来战略的主导，从国家战略层面进行整体推进。当然也有相似的措施：第二，美国和中国都在国家层面建立了相对完整的研发促进机制，整体推进人工智能发展。美国保持着“科技大国”的姿态，中国在人工智能领域又发挥出了极大的潜能。在这种情况下，人们当然会对两国的人工智能实力进行比较。而对于这场“博弈”的结果，不同的人也有不同的分析。例如前谷歌（Google）中国区总裁、著名人工智能专家李开复在《纽约时报》上撰文称：人工智能技术已由“发现”向“实现”转变，标志着人工智能的重心从美国转向中国，原因在于中国的商业环境、资本推动以及在获取海量数据等方面的优势。腾讯公司副总裁姚星也持有类似的观点，他认为，人口越多，产生的数据就越大，这在发展人工智能上是很大的一个优势。

比尔·盖茨却有不同的意见，他质疑了“中美博弈”的定义：“当人们在比较中国和美国的人工智能实力到底谁更强时，我不确定他们是如何定义的，比如微软亚洲研究院应该算中国的，还是美国的？很难界定。”他的话也有一定道理，因为世界上有许多科研成果和科研项目是公开的，包括微软和谷歌等科技巨头也乐于将技术开源，公之于众。因此，与其说是“中美博弈”，比尔·盖茨更倾向于“中美合作”。他认为，人工智能技术的发展并非是一场必有胜负的游戏（利用人工智能开发武器除外），若能将人工智能应用到研发新型药品、治疗癌症和阿尔茨海默病，或开发教育软件让贫困家庭的学生也能学习，那么此类创新无论是中国还是美国作出的，都是益事。这是一种从全人类“共赢”的角度去思考问题的方式。同样的，37年来见证人工智能发展的硅谷分析师蒂姆·巴加林（Tim Bajarin）也称：“我不认为这会是一场只能有一个赢家的比赛。中美两国都将扮演领导角色。”

其实不只是中国和美国，世界各国都很重视人工智能的发展。世界主要发达国家纷纷把发展人工智能作为提升国家竞争力、维护国家安全的重大战略，都在加紧积极谋划，并围绕核心技术、顶尖人才、标准规范等强化部署，努力在新一轮国际科技竞争中掌握主导权。2018年4月，欧盟委员会计划2018—2020年在人工智能领域投资240亿美元；2018年5月，法国发布《法国人工智能战略》，目的是使法国成为人工智能强国；2018年6月，日本发布了《未来投资战略》，重点推动物联网建设和人工智能的应用；2018年7月，德国通过了《联邦政府人工智能发展战略要点》的文件，希望通过实施这一纲要性文件，将该国对人工智能的研发和应用提升到全球先进水平……

看来，各国都“撸起了袖子”，打算“大干一场”。不过，人们都在忙活什么呢？只是人工智能吗？从我们之前的章节来看，人工智能对各行各业的影响是以“人工智能+各行各业”的形式出现的，它看起来好像有点孤立无援。但是，人工智能对行业的影响从来都不是独自发挥作用，而是和各种技术一起共同发挥作用，它们都是人工智能的好伙伴，名叫“物联网”“5G”“云计算”“区块链”，它们能让人工智能发挥出更优秀的水平。在这一章，我们的重点就放在“人工智能+各种技术”上：

一、“人工智能 + 物联网”

物联网是什么？听起来很像是互联网的亲戚。与互联网、人工智能相比，物联网是一个相对冷僻的词汇，了解的人相对较少。其实，物联网（Internet of Things，IOT）的原意是“万物互联”。业界已经提出了“AIOT”的概念，从这些字母就可以看出是由AI和IOT合成的，可见它和人工智能的关系非常亲密。那么，它有什么作用呢？有了“互联网”，还要“物联网”做什么？

其实，“物联网”与“互联网”可以实现互补。互联网主要解决的是人与人的链接，而物联网要解决的是物与物、人与物的链接，物联网通过智能感知、识别技术与普适计算等通信感知技术，广泛应用于网络的融合中，成为新一代信息技术的重要组成部分。此外，我们知道，现在互联网发展得热火朝天，“互联网+”作为国家战略已显示出巨大生命力，在新经济领域发挥出了明显的作用。而在传统经济领域，“人工智能+”与物联网联系最为密切。另外，如今一个人就能拥有很多不同的物品和设备，物的数量一定远远超过人的数量，所以物联网比互联网应用范围广得多。在未来的30年，机器人的数量将超过人类（70亿），届时将有逾1万亿件物品被接入互联网，人工智能也将比人脑更聪明。

物联网利用通信技术把传感器、控制器、机器、人员和物等通过新的方式联在一起，形成物与物、人与物相联的模式。而它对于信息端的云计算和实体端的相关传感设备的需求，使得产业内的联合成为未来必然趋势，也为实际应用的领域打开无限可能。物联网涵盖了整个国民经济的方方面面，其中九个主要应用领域市场产值最大，分别为：①智能汽车，包括无人驾驶与车联网等；②智慧城市，包括公共健康与交通运输等；③智慧物流，包括智慧运输与商业导航等；④智能护理，包括辅助健康与健身等；⑤智慧办公，包括运营最优化与运营安全等；⑥智慧零售，包括自动结账等；⑦智慧工厂，包括智能操作与设备最佳化等；⑧智慧能源，包括能源互联网等；⑨智慧家庭，包括家事自动化与家庭安全等。

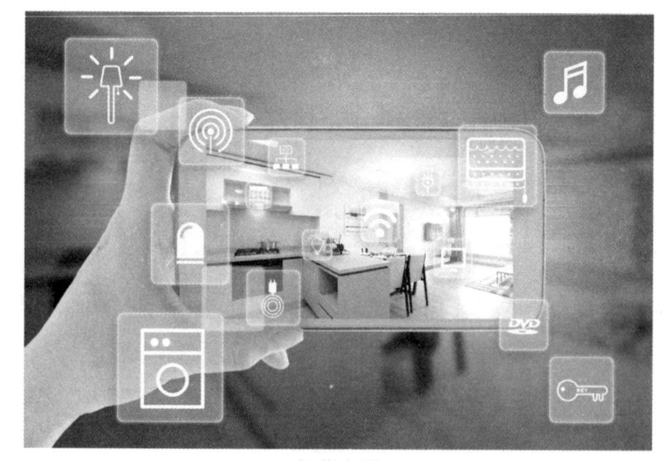

智能家居

看到了吗？这些领域不少和本书之前介绍的人工智能影响的领域是重叠的，其实是人工智能和物联网在共同发挥作用。

“万物皆可通过网络互联”的观念已逐步为社会所接受。2003年，美国《技术评论》提出，物联网“是改变人类未来生活的十大技术之首”，《商业周刊》评价物联网“是人类未来四大高新技术产业之一”。目前人工智能与物联网技术结合发展迅猛，比如百度的百度天工、Apollo无人驾驶计划；华为的华为云服务、阿里巴巴的阿里云、Link物联网平台、科大讯飞的灵犀3.0等，都属于已经落地的物联网项目。据全球最具权威的IT研究与顾问咨询公司高德纳公司（Gartner）的预测，2020年以后物联网的行业支出将出现大幅增长，其增长速度甚至超过当前50%以上的年复合增长率。到2020年，物联网安全市场将达到8.405亿美元的规模，2013年至2020年，物联网安全市场的年复合增长率将达到24%。高德纳公司还预测，该领域的市场规模还将呈指数级增长，到2020年底，其全球消费将超过50亿美元。

当然，凡事皆有两面，随着人工智能技术在物联网的应用，黑客一方面可以加快数据和用户习惯的分析，从而加速攻击进度；另一方面，网络犯罪分子可以利用人工智能技术，改变传统的威胁形式，使电信诈骗、隐私窃取更隐蔽、更难以防范。通用的人工智能技术，在为社会提供价值的同时，也会被不当利用，放大物联网终端面临的安全风险。

二、“人工智能 +5G”

5G的G是英文Generation的缩写，5G就是第五代通信技术的简称，是运营商的通信网络基础设施。当然，既然它是第五代，那么就有前面四代“前辈”。我们先来看看前面四代通信网络的发展。

智能家居

5G的“始祖”1G采用的是以模拟技术为基础的蜂窝无线电话系统。最能代表1G时代特征的，是美国摩托罗拉公司在20世纪90年代初推出并风靡全球的大哥大，即移动手提式电话。那时手机只能打电话，不能上网。

1994年，前中国邮电部部长吴基传用诺基亚2110拨通了中国移动通信史上第一个GSM电话，中国开始进入“2G时代”，2G采用数字移动通信系统，系统容量和通话质量比1G都有了极大的提升，不仅能打电话，还能发短信、上网。

到了“3G时代”，手机重心开始由通讯转移到了上网，有了高频宽和稳定的传输，影像电话和大量数据的传送更为普遍，移动通信也有了更多样化的应用，人们可以在手机上直接浏览电脑网页、收发邮件、视频通话、收看直播等，人类正式步入移动多媒体时代。

2013年12月，工业和信息化部颁发了4G牌照，也是目前大多数人使用的网络。4G网络在传输速度上网速度是3G的50倍，实际体验也都在10倍以上，上网速度相当于20M家庭宽带，具备流畅的播放速度，观看高清电影、大数据传输速度都非常快，4G的诞生意味着人们进入了移动互联网时代。

4G之后，网速还能再快一点吗？5G网络的出现给了我们答案。5G主要有三大特点，极高的速率 、极大的容量、极低的延时。

5G网络不只比4G快了一点点，它的速度是4G的百倍以上，随着5G时代的到来，依靠5G技术的多领域智能终端会随之出现，与此同时，人工智能将会连接到更多设备上，为我们日常生活带来更多便利。也许有人会说，为什么要开发5G？现在的4G已经够快了呀，看视频，刷网站，完全没有卡顿。其实，5G的作用远远不止手机上网。5G跟人工智能的结合将催生网络边缘终端的智能化。简单来说，终端侧的人工智能发展需要5G这个桥梁与云端大数据相连通。从无线终端的角度来说，智能手机、物联网、汽车都可以应用人工智能技术。在4G时代，存在约50毫秒的延时，对于手机来说，50毫秒微乎其微，根本不算什么。但是对于智能驾驶来说，这却是致命的问题：如果一辆车以六十千米的时速行驶，50毫秒就要相差近一米距离，事故发生的概率就会大幅提升。而在5G时代，网络延时能稳定在1毫秒之内，完全解决了延时问题。

如果说人工智能是万物互联的助推器，那么5G就是万物互联的基石，两者作为新时代的生产力，将带来整个社会生产方式的改变和生产力的提升。5G作为新的基础网络设施，不单为人服务，还为物服务，为社会服务，5G的连接能力，将推动万物智能互联。人工智能与5G结合之后，机器将产生类似于群体智慧的能力，通过5G的连接，将决策、规划部分放到云端处理，从边缘端到云端加倍赋能，让人工智能的算法有能力提取出相应的关联并提升自己；个体得到提升之后，通过5G网络和云端大脑，再将能力快速分发到其他个体。

人工智能技术与5G技术相辅相成：人工智能将助力于5G，优化5G网络，推动5G落地。5G可以改变生产方式、改变社会生活，让人工智能无处不在。人工智能和5G不会只是简单的两者相加，而是产生乘数效应。

三、“人工智能＋区块链”

相信很多人听说过“比特币”。2009年，一个叫“中本聪”的人（化名，现在还没现真身）发明了比特币，而区块链就是比特币的底层技术。比特币之后，各种空气币满天飞，数字货币交易市场乱象丛生，一定程度上也影响了人们对区块链的看法，但区块链却是“无辜躺枪”。作为一种底层技术，“区块链”不仅无辜，而且还很有用。

区块链是一种分布式数据存储、点对点传输、共识机制、加密算法等计算机技术的新型应用模式，是不同信息节点之间建立信任、获取权益的数学算法。它最根本的特征就是“去中心化”。人工智能最重要的是数据，如基因数据、医疗数据、教育数据、行为数据等。但数据是被中心化的机构所掌握的，如医院、银行、政府等，无法做到真正地去中心化，就不能有效地帮助机器进行合理学习。区块链就能解决这一难题，它的产生能使每个人都完全“去中心化”地储存数据，然后用一些加密的算法在区块链上保护个人的隐私，这样黑客也不可能盗取每个人的数据。例如区块链领头企业杭州数秦科技下属的“保全网”，它利用区块链底层架构在隐私保护、防篡改、抗攻击方面的特点，在技术上实现了对电子数据真实性、唯一性与完整性的还原。通过与司法鉴定中心、公证处的深度合作，它首次使得区块链数据保全技术获得了司法实践的认可，打通了技术与实践的通道。

不仅如此，建立了西方民主制度的英国人认为，“去中心化”的“人工智能+区块链”技术给政府解决行政冗余的问题提供了一个新思路。政府的存在是为了将资源合理分配给公民，但是当政府变得越来越臃肿、集权、低效，中心化的治理模式造成了资源分配质量低下，反而成了“好心办坏事”。于是，英国政府在政府福利金的分发上采用了“人工智能+区块链”的模式，简化了政府统计和发放社会福利的工作。它开发了一套区块链福利智能支付系统，用户利用手机移动端领取福利金，每一笔消费都会被不可逆的记录在分布式账本上，防止数据被篡改。区块链投票技术还能被运用于选举投票中，它至少能够保证在清点选票层面结果是透明且不可伪造的，不会发生竞选时因有作弊嫌疑而不得不重新计票的情况。

除了“去中心化”，区块链还有一个重要功能，那就是阻止机器人“密谋”事件的产生。人们常常会有人工智能毁灭人类的担忧，虽然有很多人并不认同这一点，比如著名投资家孙正义就对此表示乐观，认为人类足够聪明去应对未知的一切，会努力去适应新的形势。但是，谁也无法保证电影里毁灭人类的情节不会在现实中发生。武汉大学教授、著名科学家蔡恒进认为：机器人有自我学习的能力，人工智能总有一天超越人类，如果有一天机器人在一起密谋要毁灭人类，这也不是不可能的。但如果我们提前布局区块链，在重要节点上由人占领、记录，就不会出现由机器达成共识，密谋毁灭人类了的情况了。

人工智能擅长理解、认识、决策，区块链则可以确保安全性、记录性。人工智能所理解的东西，区块链可以对其进行加密保护，并可以去追踪这些人工智能所分析的信息。

当然，人工智能和其他技术的交叉作用还有很多，在此不一一列举。我们需要知道，人工智能不是一项独立的技术，而是一项需要多种技术相互配合的新技术。

四、人工智能对就业者的冲击

我们之前提到，19世纪下半叶的英国工业革命时，纺织机的出现使得原来手工业者纷纷破产，被机器夺取工作的手工业者纷纷砸毁织布机，以宣泄心中的怒意，但这并不能阻止纺织机械全面取代手工作坊。

与此类似，人工智能来了，很多行业将被替代，甚至消失。作为这些行业的从业人员，难道要和19世纪的手工业者一样吗？当时纺织机数量还是有限的，而人工智能已经是遍地开花了，砸也砸不完，更不知道从何砸起，波及的职业也远比19世纪要多得多。人工智能对现有各行业的影响有多大呢？我们来看一组数据：

BBC 基于剑桥大学研究者迈克尔・奥斯本（Michael Osborne）和卡尔・弗

雷（Carl Frey）的数据体系分析了 365 种职业在未来的“被淘汰概率”，让我们来一起看看其中的一部分：

电话推销员被取代概率99.0%，打字员被取代概率98.5%

这是最容易取代的两个职业，工作简单，重复性高，要说他们容易被取代，也比较好理解。

会计被取代概率97.6%

会计工作的本质便是信息搜集和整理工作，内部存在着严格的逻辑要求，天生就被要求 100% 准确，从结果上来看，机器智能操作的优势的确明显，更能确保“零错误”。全球四大会计师事务所中的德勤、普华永道和安永都相继推出了财务智能机器人方案，给业内造成了不小的震动。

保险业务员被取代概率97.0%

包括平安保险、泰康在线、太平洋保险、弘康人寿、安邦人寿、富德生命等在内的多家险企已将智能科技引入到公司业务上，目前主要应用于售后领域。不久的将来，人工智能将替代销售人员，成为个人保险智能管家。比如，2019年1月，日本富国生命保险用 IBM 的人工智能平台 Watson Explorer 取代了原有的 34 名人类员工，以执行保险索赔类分析工作。这 34 名人类保险业务员就此成了“机器人抢饭碗”的“牺牲品”。

银行职员被取代概率：96.8%

银行职员的工作不仅单调、重复，而且相对来说效率比较低下，这也是该行业会被自动化取代的一大原因。

政府职员被取代概率：96.8%

这里所指的是政府基层职能机构的职员。英国在2019年年初的一项调查中，有 25% 的受访者认为，机器人比人类有更好的从政能力；66% 的人认为，至 2037 年就会有机器人在政府任职；16% 的人认为，在未来的一两年中，就会出现机器人担任政府官员的现象。

接线员被取代概率：96.5%

早在十几年前，微软便开发出了具有总机接线员功能的智能语音系统；而近些年来，随着人工智能的发展，人类接线员的绝大部分工作基本都可以被自动完成。

前台被取代概率：95.6%

机器人前台这两年已经多次登上了新闻标题，话题度最高的是由日本软银公司开发的 Pepper。目前，日本以及欧美多国都已经有医院、银行、电器商店等机构购买了 Pepper，作为前台接待人员投入使用。

客服被取代概率：91.0%

Siri 诞生了这么多年，人工智能取代人工客服在技术上早已能够实现，剩下的就是普及化的问题。近两年，这类人工智能客服平台也逐渐成了互联网行业热门的创业项目，其中某些产品的回答准确率据说已经能达到 97%。

以上是取代率在90%以上的“高危”行业。

HR被取代概率：89.7%

在未来，不单单是员工本身，就连负责招募员工、解雇员工的 HR 也有可能会被机器人取代。通过机器学习、自然语言处理、聊天机器人等人工智能技术，人工智能能完成很多人力资源管理者所要求的基本技能。

保安被取代概率：89.3%

在这一行业，有一个新闻值得一提。2017年7月，美国乔治城华盛顿港开发区的一台保安机器人“溺水自杀”了。这名“自杀”的保安机器人是由硅谷公司 Knightscope 研发的 K5 机器人，拥有 GPS、激光扫描和热感应等多项功能，并备有监控摄像机、感应器、气味探测器和热成像系统，自问世以来，在美国的大型商区中很受欢迎。此事的官方解释为机器人系统故障，但它在社交网络上依然激起了大量恐慌情绪，不过还是有很多人开玩笑说：“真是工作压力太大了。”

房地产经纪人被取代概率：86%

现阶段，无论是房屋买卖还是租赁，都离不开房地产经纪人，但美国的一些房地产机构近些年开始尝试使用机器人、大数据和人工智能算法完成交易。随着人工智能在这一领域的技术逐渐完善，一旦这种模式被行业主流接受，不但可以省去很多时间，而且绕开房地产中介还能省去大笔佣金，这一职业的前景便岌岌可危了。

工人，以及瓦匠、园丁、清洁工、司机、木匠、水管工等第一、第二产业工作岗位被取代概率：60%～80%

绝大多数来自第一产业和第二产业的工作都被 BBC 的研究人员列为高危

职业，而这些也是很多人在提到“机器人威胁论”时最先想到的威胁。

厨师被取代概率：73.4%

基本可以肯定的是，BBC 将“厨师”的危机概率预测为 73.4%，八成不包括中餐厨师。虽说当下类似比萨机器人、咖啡机器人、酸奶机器人之类的机械厨师已经问世，但哪怕是再智能的机器人，看到中餐菜谱上的“盐少许”“味精少许”也得死机。

IT工程师被取代概率：58.3%

略有些讽刺的是，人工智能似乎不太懂得“知恩图报”，它将给很多公司的 IT 部门带来威胁。它将取代 IT 部门里许多的例行公事，其中又以系统管理、服务台、项目管理与应用支持等营运面最可能受影响。

图书管理员被取代概率：51.9%

摄影师被取代概率：50.3%

而更令人惊讶的是，摄影师这样一份依赖主观审美的工作竟然也被判定为有超过 50% 的可能被机器人取代。在专家的评估中，图像审美与其他艺术不同，是可以被量化、数据化的。谷歌也确实开发出了一种试验性的深度学习系统，这个系统会模仿专业摄影师来展开工作，从谷歌街景中浏览景观图，分析出最佳的构图，然后进行各种后期处理，从而创造出一幅赏心悦目的图像。

演员、艺人被取代概率：37.4%

在所有常见的艺术创作工种中，“演员”被判定为最容易被机器自动化取代的行业，概率高达 37.4%。撇开科幻小说中用虚拟形象取代真人演员的情节不谈，单单是当下以假乱真的“抠图剧”就让我们对这些职业被取代的前景充满了信心。

化妆师被取代概率：36.9%

总的来看，在技术工种中，凡是需要依赖人类审美和社交技能的职业被人工智能取代的可能性都不算太高，比如化妆师。不过，就在去年，维也纳设计师乔安娜·皮奇巴尔（Johanna Pichlbauer）和玛雅·平德斯（Maya Pindeus）开发了一种据称“有独立审美”的化妆机器人，虽不具备真正的人形，但内置编程系统，被设计师称为“美学数字公式”。设计师希望通过这种非需求式的体验，来让人们体验“一旦机器具有自我意识，人类会有什么感觉？”

作家、翻译被取代概率：32.7%

无论你对微软小冰创作的“诗歌”有着怎样的苛责，不可否认的是，在语言学习上，机器和人工智能已经走到了一个令人惊叹和警惕的地步。如此说来，在不久的将来，要说一个连小冰都写不过的文字工作者有 32.7% 的可能被取代，一点也不为过。

理发师被取代概率：32.7%

但理发师与化妆师相比，不仅同样有审美上的高要求，安全指数也是一个重要的考量因素。

运动员被取代概率：28.3%

这一数据似乎没多大意义。无论机器可以在多大程度上模仿人类运动，但作为一项职业来说，运动员的立身之本就是人类的肉体凡胎，机械的运动技能再强，也无法与“更高、更快、更强”的体育精神相比。

警察被取代概率：22.4%

很早之前社会上便有人提出，人工智能最值得开发的领域便是作战功能，以特种兵的身份代替人类士兵赴汤蹈火。2018年，迪拜开发了一款“机器人警察”，预计 2030 年投入使用。这款机器人警察名叫 REEM，身高约为 1.68 米，靠轮子而非双脚行动，同时它还配备了“情感检测装置”，能够分辨 1.5 米以内人类的动作和手势，还可以辨别人脸的情绪和表情。不过它并不是用来追击犯罪分子的，目前这款机器人警察主要是为了帮助市民而设计，它胸前的内置平板电脑可用来与人类进行互动交流，比如报警、提交文件或是缴纳交通违章罚款等。它还能凭借体内安置的导航系统来辨别方向，可以使用包括英语和阿拉伯语在内的六种语言和人类进行交流。

程序员被取代概率：8.5%

理论上来说，机器人完成基础的编程工作是完全可行的，毕竟，它们本身就是由代码构成的。目前来看，机器人编程依然只是一个理论上可行的方案，耗时耗力，即算有朝一日实现了，也明显替代不了所有的程序员。

记者、编辑被取代概率：8.4%

一个令我们稍感安慰的数据是，BBC 研究人员预计记者、编辑的职业被人工智能取代的概率仅为 8.4%。

保姆被取代概率：8.0%

相比人工智能，人类的另一个无法被机器模仿的特质就是同情心和情感交流技能，因此，在保姆这类真正需要情感投入的职业中，机器人尽管能完成大部分工作要求，但终究很难代替人类保姆的工作。

健身教练被取代概率：7.5%

近些年，各种各样的“机器人减肥顾问”“人工智能健身项目”层出不穷。机器人作为健身教练，能够比人类更加客观具体地看待问题，而且机器的算法全面精准，帮助人类健身的效果将会更好。

艺术家、音乐家、科学家被取代概率分别为：3.8%、4.5%、6.2%

无论技术如何进步，人工智能如何完善，对人类而言，创造力、思考能力和审美能力都是无法被模仿、被替代的最后堡垒。

律师、法官被取代概率：3.5%

人类的另一个无法被模仿的能力，就是基于社会公义、法律量刑和人情世故作出判断的微妙平衡。法律不是一块死板，不是可以计算、生成的代码，法庭上的人性博弈更是机器人无法触及的领域。

牙医、理疗师被取代概率：2.1%

当代医疗技术已经越来越多地介入了机械操作，外科领域尤甚。但人类医师无论在伦理上，还是在技术操作上都很难完全被取代。而在牙科这个技术要求极高的领域，尽管很多手术，比如 3D 打印牙齿植入，已经可以由机器人完成，但在整个过程中，依然离不开人类医师的诊断和监督。

建筑师被取代概率：1.8%

近年，已经有各种各样的所谓“人工智能建筑师”被开发出来，但这些系统能完成的工作仅仅是画图纸而已。而建筑师真正赖以立足的创意、审美、空间感、建筑理念和抽象的判断都是机器难以模仿的。

公关被取代概率：1.4%

就连人类自己，也很难去模仿那些人情练达者的社交能力，更何况不具备情感反射的机器人。

心理医生被取代概率：0.7%

或许有人会觉得奇怪，心理医生这么需要情商的职业，机器人是怎么得来的0.7%？其实，机器虽然无法理解人类的情绪，但依然可以学会用某些方法来处理与情绪有关的问题，就好像不理解“什么是诗”的机器依然可以写出不错的诗来。从这个角度来说，机器确实可以胜任心理咨询的工作，因为心理咨询原本就建立在这样一种信念之上：人类的情绪可以被有效地数据化处理。

教师被取代概率：0.4%

之前分析过，机器人在授业、解惑领域可以替代教师，但在传道领域不可能替代教师。

酒店管理者被取代概率：0.4%

看过获得过多个国际奖项的美国电影《布达佩斯大饭店》的读者自然会懂，为什么一家酒店的经营者会成为这个世界上最无法被机器人取代的职业。

当然，这项研究只是针对英国人的职业替代率，分析的仅仅是这些职业在英国的前景，所基于的也不过是英国的数据，中国和英国无论人口数量、地理环境、民族特点等都大不相同，而且BBC报告研究的准确程度也未必很高，所以只能说这一调查结果具备一定的参考价值，不要太“对号入座”哦！

未来教育

可以预测未来的人工智能和机器人将极大地替代简单、重复性高的工种，这些工种不仅仅是传统上定义的工厂生产线工人，还包括很多银行职员、财会领域等现在被认为是职业技能的领域。根据以上分析，在接下来的几十年中，只有三类人，能勉强对抗人工智能的冲击，即资本家、明星和技术工人。换而言之，面对步步逼近的人工智能，你要么积累财富，成为资本大鳄；要么积累名气，成为独特个体；要么积累知识，成为更高深技术的掌握者。然而，财富堤坝、个性堤坝、技术堤坝，能在人工智能狂潮下坚持多久，无人可知。如果你还是固步自封地做时代的旁观者，那就只能接受被“拍在沙滩上”的结局。

五、面对人工智能，我们该怎么办？

目前来看，人工智能不是万能的，但是我们不能否认它的发展潜力。未来，人工智能影响的不仅仅是人们的职业生涯，小到对人的生活、情感、社交方式，大至对政治、国家乃至人类的命运，人工智能都会发挥它的作用，也会产生很多人类料想不到的结果。也许有乐观的人视“奇点理论”为无稽之谈，认为机器永远也不可能取代人类。但所谓有备而无患，我们不妨把未来想得糟糕一些，让自己提前适应未来可能发生的变化。“股神”巴菲特认为，企业要有一条护城河。人又何尝不是如此呢？我们每个人都要有自己的护城河，才能抵挡住人工智能的千军万马。发展人工智能是必须的，思考如何应对人工智能也是必需的。

人们最关心的也许就是如何应对人工智能对自己职业的冲击。据美国管理咨询公司麦肯锡公司估计，预计2016—2030年间，中国被替代的全职员工规模在4 000万～4 500万，到2030年，自动化将使中国五分之一的制造业工作岗位不复存在。如果自动化进程更快，到2030年，近1亿劳动者需要更换职业类型。近年来，国内越来越多的在校学生选择了人工智能相关专业，很多IT职场人士也开始转型人工智能。在人工智能领域，中国年轻人占比比美国高，其中28～37岁中青年占总人数50%以上。在面对人工智能的冲击时，从事人工智能方面的职业固然是一个保险的选择，但并不是所有人都来得及“转行”，人们还需要社会保障体系来应对短期失业。一些企业家也提出了建议，如微软创办人盖茨提出征收“机械人税”，让科技企业在享受成果所带来的财富同时，也对失业人士负起部分责任。诺贝尔经济学奖获得者、耶鲁大学教授罗伯特·席勒（Robert Shiller）在2013年获得诺贝尔经济学奖的时候表示，应对人工智能的威胁，他主张采取某种“生计保险”，以减少人工智能可能导致的潜在失业或收入下降。他认为：“人们面临着前所未有的职业风险……我们应该考虑某种保险计划，为个人及其事业，并防止人工智能发展进程中出现不平等。”可见，以个人力量去抗衡人工智能大潮是十分困难的，如果将来真的出现了大规模失业，还必须凭借政府的支持。除此之外，谷歌CEO拉里·佩奇提出了不同的观点，他在接受采访时表示："人们希望有工作，希望自己的工作效率和价值能够被外界所认可。但与此同时，大多数人也都希望多一些时间可以休息。所以，一种可能解决方案就是大家将目前的全职工作分散，并从事更多的兼职工作，英国亿万富翁理查德·布兰森（Richard Branson）目前就在英国展开了这样的尝试。"

虽然人工智能来势汹汹，但也许人类最应该担心的是下一代孩子的职业生涯。说到底，人类的未来是属于孩子们的。以"奇点理论"所说的2045年来推算，"00后"以后的各世代是应该对人工智能提高警惕的。那时"00后"是40～50岁，"10后"是30～40岁，所以这一批孩子们需要未雨绸缪。从宏观面来看，从现在起，整个教育体系的价值观（例如文凭主义、分数至上等）及学习方向等都需要慢慢进行调整。如果仍然保持"分数至上"的教育"信仰"，那人们将被人工智能狠狠打败。其实早在2017年6月，就已经有"考试机器人"的出现：AI-MATHS高考数学机器人10分钟交卷，分数105分。到了2018年，AI-MATHS高考数学成绩稳定在了136分，这简直成了很多普通学生心目中"学霸"。考试机器人的诞生无疑敲响了人们的警钟：如果将来孩子们只会在考试中拿到高分，那么他们仅会的这一技能将依然被人工智能无情打败。相信很多人知道《未来简史》的作者尤瓦尔-赫拉利提到的"无用阶级"的概念："在未来，我相信会出现一个庞大的新阶级，即无用阶级。这个阶级的人，既没有经济价值，也没有政治话语权，他们做任何事情都比不过计算机和人工智能"。没有人希望孩子们将来成为这样一种"无用阶级"。因此，"80后""90后"为人父母之后，应该抱着长远的眼光分析哪些专业技能与学识，是可以让孩子们长大后在人工智能时代的职场拥有一席之地的，以避免自己的下一代沦为"无用阶级"。也许孩子们从小就会接触各种各样的人工智能产品，未来将不可避免地与人工智能打交道，如果我们不注意下一代的培养，那么他们也将无力抵抗人工智能的冲击。但这并非要求他们从小学习复杂而困难的编程。我们首先要挖掘的是孩子们身上区别于人工智能的特质，比如创造力、适应能力以及人际交往技能。因为投身于人工智能的人们并非单打独斗，而需要组建优秀的团队，并能发挥出各自的能力。有学者指出，未来，以教师为主的“工业化教育”将转型为以学习者为主的“智能化教育”。

当然，随着孩子们年龄的增长，我们也要强调计算机科学教育的重要性。高中阶段的计算机科学教育显得尤为重要，因为这将鼓励更多孩子选择计算机科学作为职业，推动计算机科学的发展。对于九年级以上的学生，“计算机数学”“计算机艺术”等选修课是十分必要的，它们能够帮助那些有兴趣又有天分的学生成长为计算机科学家。比如在纽约市的Stuyvesant高中、弗吉尼亚州亚历山大市的Thomas Jefferson科学技术高中、达拉斯市的精英高中TAG，这些学校都拥有一批尽职尽责的教员团队，他们具备计算机科学的专业背景，是培育计算机人才的优秀教师。但遗憾的是，这些注重科学技术的学校只占少数。目前在美国，除了应对考试需要的核心课程，很少有高中开设其他计算机相关的课程。这一学科领域需要被赋予足够的重视。

另外，在道德教育方面也需要更多的关注。未来，人工智能科技都会面临道德困境——比如怎样克服种族、民族和性别偏见，无人驾驶汽车如何平衡车主和行人的生命权益等，这些都涉及社会伦理问题。如果人类在这一方面没有任何进展，那结果只能是听任人工智能摆布，后果不堪设想。

法国哲学家帕斯卡曾说：“人是一根会思考的芦苇。”如果我们不发挥人类“会思考”的特质，那么等未来机器人比我们还会思考时，人类就将被彻底淘汰。实际上，人类的命运到底如何，人类自己应当把握。

后 记

自从2014年接受人工智能之父马文·明斯基代表作《情感机器》中文版翻译任务以来，我就误打误撞进入了人工智能领域。在完成《情感机器》翻译后，我又紧接着翻译了另一本人工智能名著《第四次革命》，两本书出版时正好国内兴起了人工智能的热潮。作为一名多年的金融投资行业从业人员，人工智能让我看到了另一个多姿多彩的缤纷世界。此后，我在人工智能领域算是有了些虚名，多次获邀出席高等级人工智能大会，作为点评嘉宾参加了很多人工智能相关的项目的路演，也考察很多人工智能方面的投资项目，并且投资了其中几个项目。

但是，我从来没有认为自己是人工智能方面专家，也从未自己动手写过人工智能方面的书。因此，当北京时代华文书局高磊、周磊两位编辑向我约稿时，我是颇有些犹豫的，感觉挺有压力。但我想，这一方面是对自己这些年在人工智能领域理论和实践积累的一个检验，另一方面科普型作品并不需要太深的专业知识，所以我觉得自己可以迎接这个挑战！

由于这些年我积累的资料比较多，一开始写得还比较顺手，但到后面越写越慢，有种黔驴技穷的感觉。在和不少人工智能行业专家和比较成功的创业者面对面交流后，我的思路渐渐清晰起来，算是突破思维的瓶颈。经过近一年的折腾，如今终于完稿了。

人工智能的发展已经六十多年（1956年是人工智能元年），而我国人工智能热潮只是近几年的事情，因为人工智能越来越多的进入了应用领域！本书对人工智能在各个领域影响进行了全方位的分析，人工智能已经深入了人类生活的方方面面，对每个人的职业生涯也将产生深远影响。

在本书完成之际，首先感谢北京时代华文书局和高磊、周磊两位编辑，他们不仅给了我压力，也给了我很多指导意见。同时特别感谢中国科学院院士、国际上最早倡导可信人工智能的著名科学家、原华东师范大学软件学院院长何积丰教授审阅全文并做序，感谢著名人工智能专家、武汉大学蔡恒进教授，感谢财经头条创始人、上海妙点网络科技有限公司许征宇总经理，中国科学院人工智能联盟标准组吴焦苏博士，上海虹桥智谷科创中心王英才总经理，第五届湖北省政协常委周戟教授，上海工业控制安全创新科技有限公司总经理蒲戈光教授等专家给予的指导和帮助。

此外，华东师范大学（ECNU）汪逸苗、美国加州大学洛杉矶分校(UCLA)王子彦两位优秀学生在本书查找资料和写作、修改过程中提供的大力协助。

本书引用了大量公开资料，包括网上资料，对这些文章的原作者，表示深深的谢意！本书中使用的部分图片未能找到版权方，如侵犯到您的权益或版权请及时与我联系。

囿于本人的学识和经验所限，本书难免有不完善的地方，希望各位读者不吝赐教，欢迎提出宝贵意见，交流邮箱：1158367075@qq.com。

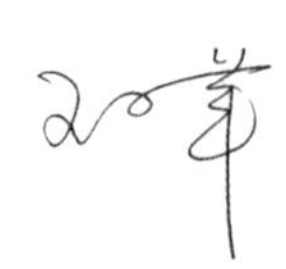